水科学博士文库

GIS-Supported Reservoir Bank Failure Prediction and Risk Assessment

GIS 支持下的水库塌岸预测与风险评价

王小东　戴福初　孟令超　著

中国水利水电出版社
www.waterpub.com.cn
·北京·

内 容 提 要

本书基于高分辨率DEM与DOM，研究在GIS技术支持下的塌岸宽度预测和体积预测的理论与方法。全书以金沙江溪洛渡水电工程为例，基于“两段法”，开发了进行塌岸宽度与体积预测的计算插件；基于极限平衡理论和剖面线扫描算法，引入安全系数分析和失效概率分析，实现了水库岸坡模型构建和稳定性计算一体化的程序插件，使得区域风险评价和单体风险评价通过GIS得到了较好的融合，提高了水库塌岸风险评价的定量化程度。

本书可供从事水库塌岸风险评价、边坡稳定性、区域稳定性以及GIS二次开发等方面研究的科研工作者参考，也可供相关专业高校师生阅读。

图书在版编目（CIP）数据

GIS支持下的水库塌岸预测与风险评价 / 王小东，戴福初，孟令超著. -- 北京 : 中国水利水电出版社，2018.7
（水科学博士文库）
ISBN 978-7-5170-6502-9

Ⅰ. ①G… Ⅱ. ①王… ②戴… ③孟… Ⅲ. ①水库－塌岸－预测②水库－塌岸－风险评价 Ⅳ. ①TV697.3

中国版本图书馆CIP数据核字(2018)第124385号

书　名	水科学博士文库 **GIS支持下的水库塌岸预测与风险评价** GIS ZHICHI XIA DE SHUIKU TA'AN YUCE YU FENGXIAN PINGJIA
作　者	王小东　戴福初　孟令超　著
出版发行	中国水利水电出版社 （北京市海淀区玉渊潭南路1号D座　100038） 网址：www.waterpub.com.cn E-mail：sales@waterpub.com.cn 电话：（010）68367658（营销中心）
经　售	北京科水图书销售中心（零售） 电话：（010）88383994、63202643、68545874 全国各地新华书店和相关出版物销售网点
排　版	中国水利水电出版社微机排版中心
印　刷	天津嘉恒印务有限公司
规　格	170mm×240mm　16开本　8.5印张　162千字
版　次	2018年7月第1版　2018年7月第1次印刷
印　数	0001—1000册
定　价	**48.00**元

河流在天然状态下，丰水期水位上涨，枯水期水位下降，逐渐形成较为稳定的河流岸坡。但由于水库的建造和蓄水后，对库岸已存在的不稳定地质体和原有的滑坡、崩塌体会产生浸润和浮托作用，且在水电站运行中，库水位的涨落、风浪作用、库水动力作用等都将对河流岸坡的稳定性产生不利影响，必然产生松散堆积层岸坡的库岸再造。

水库塌岸威胁着水库沿岸城镇、道路、农田和人民生命财产安全，形成的大量土石淤积于库中，减少了水库的有效库容，并改变了河流形态，影响港口、航道的正常运行，易引发安全事故。

本书以金沙江溪洛渡水电工程为例，研究水库蓄水后的水库塌岸预测与风险评价问题，在详细的野外调查和室内分析的基础上，基于高分辨率数字高程模型（Digital Elevation Model，DEM）和航空影像，以地理信息系统（Geographic Information System，GIS）组件开发模式，将塌岸预测方法、边坡极限平衡方法以及概率分析方法嵌入 GIS 软件平台，开展水库涉水岸坡的塌岸范围预测与稳定性评价，并利用 GIS 空间分析功能将塌岸稳定性评价成果应用于塌岸风险评价之中，以满足不同层次的风险表达，主要研究成果如下：

（1）基于 DEM 和数字正射影像（Digtal Orthophoto Map，DOM）的水库塌岸预测参数获取。水上及水下稳定坡角是进行水库塌岸预测的关键指标，单纯依靠野外测量的方法难以满足要求。本书利用高分辨率影像获取地貌信息，基于高分辨率 DEM 获取地形信息，实现了大范围内水上及水下稳定坡角的批量获取。

（2）基于 DEM 的水库塌岸范围预测插件开发与应用。针对侵蚀型塌岸，基于 GIS 组件进行插件开发，将山区河道型水库塌岸预测的“两段法”从二维空间拓展到三维空间，将二维的塌岸宽度预测拓展到三维的塌岸体积预测和塌岸后的岸坡形态预测。

(3) 基于DEM的潜在塌岸体三维稳定性计算。针对滑移型塌岸，通过二维毕肖普法，搜索得到主剖面位置处对应的临界圆弧滑动面，以该临界圆弧滑动面的圆心和半径构造三维球形滑动面；结合潜在塌岸体DEM构建潜在塌岸体的三维地质模型，引入三维毕肖普法，实现三维安全系数的计算。

(4) 基于DEM的剖面线扫描算法的岸坡稳定性评价。以极限平衡法为基础，对可能发生滑移型塌岸的区域，以DEM构造剖面线进行扫描的方式，实现多个二维剖面空间的安全系数计算；以多个安全系数表达岸坡的稳定状态，并引入概率分析的方法，对岸坡的稳定性进行可靠度分析。

(5) 基于GIS的水库塌岸风险评价。借助GIS这一桥梁，将单体塌岸风险评价与区域塌岸风险评价相结合，提高了区域塌岸风险评价的定量化程度。

全书共6章，包括：绪论，溪洛渡库区地质环境与塌岸条件，基于GIS的侵蚀型塌岸预测研究，基于GIS的滑移型塌岸预测研究，水库塌岸风险评价，结论与展望。本书的出版得到了NSFC-河南联合基金项目（U1704243）、河南省科技攻关项目（152102210111）、河南省科技创新人才计划（154100510006）、华北水利水电大学高层次人才科研启动项目（201402）、华北水利水电大学青年科技人才创新计划（70461）的联合资助。

本书所涉及的研究工作尚有不足之处，需要继续深入探讨。限于作者水平，书中不免存在疏漏，敬请广大读者批评指正。

作者

2018年3月

目录

前言

第 1 章　绪论 …… 1
1.1　研究背景和意义 …… 1
1.2　国内外研究现状及存在的问题 …… 2
1.3　研究方法与技术路线 …… 10
1.4　研究内容与创新点 …… 11

第 2 章　溪洛渡库区地质环境与塌岸条件 …… 14
2.1　区域地质环境 …… 14
2.2　塌岸发生条件分析 …… 19
2.3　塌岸类型预测 …… 27

第 3 章　基于 GIS 的侵蚀型塌岸预测研究 …… 37
3.1　侵蚀型塌岸预测方法 …… 37
3.2　侵蚀型塌岸预测参数获取 …… 39
3.3　基于 GIS 的侵蚀型塌岸预测 …… 54

第 4 章　基于 GIS 的滑移型塌岸预测研究 …… 65
4.1　基于 DEM 的滑移型塌岸安全系数计算与应用 …… 65
4.2　基于 DEM 的剖面线扫描算法计算塌岸安全系数 …… 82
4.3　基于 GIS 的滑移型塌岸可靠度分析 …… 96

第 5 章　水库塌岸风险评价 …… 108
5.1　水库塌岸风险评价内容与方法 …… 108
5.2　水库塌岸风险评价的实施流程 …… 110

第 6 章　结论与展望 …… 115
6.1　结论 …… 115
6.2　展望 …… 116

参考文献 …… 117

第1章　绪　　论

1.1　研究背景和意义

河流在多年的运行中，丰水期水位上涨，枯水期水位下降，逐渐形成较为稳定的河流岸坡。但由于水库的建造，库区地质环境和水文条件较之前发生了前所未有的改变，特别是水库蓄水之后，库岸边坡在风浪和水位变化等因素的作用下，原有的平衡条件被打破，发生坍塌，以各种各样的库岸再造方式，使库岸达到新的平衡状态。水库塌岸威胁着水库沿岸城镇、道路、农田和人民生命财产安全，塌岸形成的大量土石淤积于库中，减少了水库的有效库容，并能改变河流形态，影响港口、航道的正常运行，易引发安全事故（缪吉伦等，2003；何良德等，2007；尚敏，2007）。

溪洛渡水电站是金沙江水电基地下游四个巨型水电站中最大的一个，控制流域面积45.4万km^2，多年平均年径流量为1436亿m^3；最大坝高为278m，水库正常蓄水位为600m，死水位为540m，水库总库容为126.7亿m^3，调节库容为64.6亿m^3，可进行不完全年调节；左、右两岸布置地下厂房，各安装9台77万kW的水轮发电机组，电站总装机1386万kW，多年平均年发电量为571.2亿kW·h，是中国第二、世界第三大水电站。溪洛渡水电站于2003年年底开始筹建，2005年底正式开工，2007年实现截流，2013年首批机组发电，2015年工程完工。

随着溪洛渡水电站的开工建设，开展库岸稳定性研究已成为紧迫性任务。水库在蓄水后，对库岸已存在的不稳定地质体和原有的滑坡、崩塌体会产生浸润和浮托作用，且在水电站运行中，库水位的涨落、风浪作用、库水动力作用等将对河流岸坡稳定性产生不利影响，必然产生松散堆积层岸坡的库岸再造。同时，研究区内松散堆积类型众多，不仅有河流相堆积，而且有广泛分布的崩塌堆积物、滑坡堆积物等，因此库岸再造的形式必然呈现出多样化的特点。

在中国长江三峡集团公司委托的“金沙江溪洛渡水电站库岸稳定性综合研究”项目的支持下，笔者所在研究团队对溪洛渡库区进行了详细的野外调查，对可能引发水库塌岸的崩塌堆积体、滑坡堆积物等第四系松散堆积体开展了细致的工作，本书以单一塌岸体发生范围和稳定性分析为切入点，将传统的二维塌岸宽度预测拓展到三维体积预测和形态预测，融合 GIS 空间分析功能和应用开发技术，使水库塌岸范围预测实现参数化、立体化和自动化；引入安全系数分析和失效概率分析，对滑移型塌岸的稳定性进行定量评价，并将这一成果应用于区域塌岸风险评价之中，丰富了传统水库塌岸风险评价的内容，为有效规避塌岸风险提供了更具针对性的信息，对水库的安全运营、防灾减灾、移民安置和地质环境保护等具有重要意义。

1.2　国内外研究现状及存在的问题

1.2.1　国外研究现状

水库塌岸问题首先是苏联科学院院士萨瓦连斯基于 1935 年提出。他指出，水库塌岸是由于河道蓄水后，水位抬高，吃水线与基岩岸坡相接触，岸坡的天然平衡条件遭到破坏而引起的。他明确指出，波浪是水库塌岸的主要因素之一。

什利亚莫夫于 1937 年开始研究水库塌岸问题。他认为水库塌岸的特征及因素决定于水文因素、地质地貌因素及其他因素。水文因素包括流速、击岸浪的波高、水库动态；地质地貌因素包含被冲刷岩层的产状、岩土体的物理力学性质、被冲刷岩土体的均匀性、岸坡形态；其他因素主要是指现状岸坡的植被保护、岸坡的切割程度及天气因素等。其中前两种因素决定最终塌岸的级别，第三种因素仅对岸坡的发展特征及塌岸速度有影响。前两种因素中，以水库动态和组成冲刷坡的岩土体性质为主要因素。他还指出水上岸坡形态主要决定于风化作用，其坡角与相同地质特点的天然斜坡坡角相同。什利亚莫夫注意到波浪对水库塌岸所起的作用，于 1938 年提出了预测塌岸的方法，并提出了计算浅滩宽度的公式：

$$L=(H+2h+h_b)\cot\alpha \tag{1.1}$$

式中：L 为浅滩宽度，m；H 为水位变幅，m；h_b 为波浪爬升高度，m；h 为波高，m；α 为浅滩坡角，(°)，它和岩石性质及波高有关。

什利亚莫夫并没有提出确定浅滩位置的方法，也没有提出确定水上岸坡及塌岸速度的方法，用式 (1.1) 所求得的浅滩宽度不能作为塌岸的宽度。

之后苏联学者卡丘金认为，水库塌岸作用主要和库区的波浪因素有关。波浪作用范围，除了水位消落带外，其上界位于高水位以上波浪爬升带，下界位于最低水位下波浪作用影响深度处。卡丘金于 1949 年提出了计算塌岸宽度的计算公式：

$$S=N[(A+h_p+h_b)\cot\alpha+(h_s-h_b-h_1)\cot\beta-(A+h_p)\cot\gamma] \tag{1.2}$$

其中
$$h_b = 3.2kh\tan\alpha$$
$$h_2 = h_s - h_b - h_1$$

式中：S 为最终塌岸宽度；N 为与土颗粒成分有关的系数，土石颗粒越粗，就越易于形成水下堆积岸坡，所以按卡丘金提供的经验数据，砂土的 N 值为0.5，亚黏土为0.6，黏土为1.0，当原始岸坡较陡、库水水深较大时，难以形成水下堆积阶地，此时 N 实际应等于1；A 为水位变化幅度，即设计高水位与设计低水位差值；h_p 为波浪影响深度，设计低水位以下波浪影响深度一般取1～2倍浪高，如果浪高取0.5m时，浪高影响深度取1m；h_b 为浪爬高度；k 为被冲蚀的岸坡表面糙度系数，一般砂质岸坡取0.55～0.75，砾石质岸坡0.85～0.9，混凝土取1，抛石取0.775；坡度 α 可参照河谷边岸平水位处河滨浅滩坡角值，当已知作用于该岸坡地带波浪波高和组成岸坡土石颗粒成分时，也可根据各种颗粒成分沉积物的水下岸坡坡度和浪高的关系图解确定；h 为波浪波高；h_s 为设计高水位以上岸坡的高度；h_2 为浪爬高度以上斜坡高度；h_1 为黏性土斜坡上部的垂直陡坎坎高，根据土力学计算确定，实际工作中可采用被调查岸坡浪爬高度以上至岸坡陡缓交界点的高差值；α 为水库水位变动带和波浪影响范围内，形成均一的浅滩冲磨蚀坡角；β 为水上岸坡的稳定坡角；γ 为原始岸坡坡角。

卡丘金计算塌岸预测图解如图1.1所示。

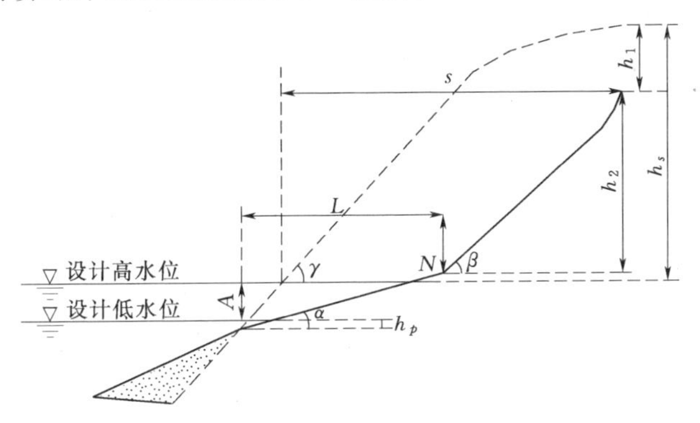

图1.1　卡丘金图解塌岸预测原理

该经验公式在相当长一段时期内得到了广泛的应用。卡丘金的方法考虑了塌岸后形成的浅滩并非全部是磨蚀的，其中一部分是由未被波浪搬运走的岸壁破坏产物中粗颗粒堆积物形成，因此卡丘金的方法较以前的传统方法前进了一大步。卡丘金通过对大量初期资料的研究，特别是对塌岸中的速度与波高、岩性及岸坡高度关系研究，提出了与波能、岩性及时间有关的岸坡塌岸速度计算经验公式。

苏联专家卓洛塔廖夫对水库塌岸问题做过很多研究。他将影响水库塌岸范围及速度的因素分为三组，并详细分析了各因素的作用。他按水库的水文特点，将水库分为上游及下游两部分：上游部分水面狭窄，小波浪和洪水时形成的水流将是库岸的主要破坏力；下游部分水面宽广，波高很大，波浪是库岸破坏的主要因素。波浪作用范围的上界至波浪爬升高程，下界至波浪作用影响深度处，在此以下的物质将不受波浪作用影响，波浪作用影响深度是随着水库运用年限增多而减小。卓洛塔廖夫合理地将在波浪作用下塌岸后形成的剖面外形结构分为水上岸坡、波浪爬升带斜坡、磨蚀浅滩、堆积浅滩斜坡和浅滩外缘斜坡五个带，并推荐了各带坡角的确定方法及资料，他根据库岸堆积浅滩是由岸壁破坏物质中较粗颗粒所形成的概念，建议利用在堆积浅滩中保留下来的粗粒部分占破坏物质总数的百分含量来作为堆积系数，以便确定塌岸后稳定剖面的位置，再量取塌岸的宽度。为了预测塌岸速度，卓洛塔廖夫建议将水库塌岸分为两个阶段，即水库运行10年阶段及最终塌岸阶段。这两个阶段所形成的浅滩各带坡角及浅滩眉峰水深是不同的，并推荐了预测各个阶段塌岸宽度所需要的浅滩坡角及浅滩眉峰水深的资料，如图1.2所示。

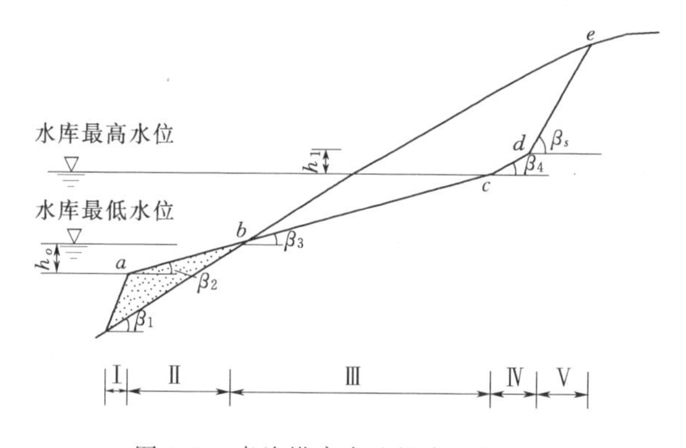

图1.2　卓洛塔廖夫法塌岸图解原理

1954年培什金发表了《水库库岸动力作用问题》一文，强调了水库中库岸动力作用的基本因素为波浪及水库中水位的变化，它很大程度上决定着塌岸的宽度。此外，原始岸坡的坡形特征、切割程度及植被保护等亦对塌岸宽度及方式有影响，培什金认为，当水库水位消落时，波间距及水深相应减小，在一定风力作用下所形成的波高亦相应减小，即对库岸的作用亦随水位消落而逐渐减小；塌岸后形成的稳定浅滩坡角将随水位高程降低而增大。因此，培什金建议根据水位不同所形成的击波间距及水深来计算波高，以相应的波高及岩土体所具有的浅滩坡角来绘制塌岸后所形成的库岸稳定剖面。然后，假定所形成的浅滩全部为磨蚀导致，以便确定塌岸后剖面位置，以岸坡的眉峰线后退距离作为塌岸最大宽度 S_M，将其乘上卡丘金的系数 N 即为塌岸宽度 S_B：

$$S_B = NS_M \tag{1.3}$$

培什金方法对于水面狭窄、水深不大的中小型水库效果较好，对于水面极宽、水深很大、岸坡较陡的大型水库效果较差。培什金提出了用数学分析法预测水库塌岸速度，即预测水库蓄水后不同时间的塌岸速度方法。他认为水库蓄水初期的塌岸速度是非常快的，然后逐渐减慢，水库蓄水后任一年的塌岸速度变化可用式（1.4）表示。经过大量实践的检验及监测，由培什金提出的塌岸速度关系式是合理的。

$$v_t = v_m e^{-x} \tag{1.4}$$

式中：v_t 为水库蓄水后任一时间的塌岸速度，m/a；v_m 为蓄水初年的塌岸速度，m/a；$-x$ 为与波能、时间、岸坡地质条件及植被保护相关的函数。

康德拉捷夫在 1953 年提出了一种塌岸宽度计算的分析方法，他认为浅滩表面的外形轮廓线不是直线和折线形，而是抛物线形，这种方法一般适用于岩性条件单一、由砂土和亚砂土等非黏性土组成的非滑动斜坡，且均不考虑泥沙纵向移动的情况。他建议用下面的公式计算任一时间的塌岸宽度和塌岸量 W_t：

$$l = L\left(1 - e^{-\frac{v_0 t}{L}}\right) \tag{1.5}$$

$$W_t = W_0\left(1 - e^{Kt}\right) \tag{1.6}$$

其中

$$K = \frac{1}{t}\ln\left(1 - \frac{W_1}{W_0}\right) \tag{1.7}$$

式中：l 为水库蓄水任意时期的塌岸宽度，m；L 为水库塌岸最终宽度，m；W_0 为水库塌岸体积，m^3；v_0 为水库蓄水初年塌岸速度，m/a；t 为计算年限，a；W_t 为水库蓄水年 t_1 时的塌岸体积，m^3；

康德拉捷夫方法包括四个塌岸因素：波浪作用、水位变化、组成岸壁的岩土体性质和原始岸坡外形。

综上所述，在以苏联学者为主的水库塌岸预测研究中，主要预测方法可以分为两派：一派是以卓洛塔廖夫为代表的条件类比法；另一派则为康德拉捷夫为代表的数学分析法。两派的研究均以计算塌岸宽度为最终目的，在此过程中，对影响塌岸发生的参数进行了较深入的研究（维・尼・诺沃日洛夫，1956；B. Д. 洛姆塔泽，1985；张倬元，2003，汤明高，2007；阙金声，2007）。

与苏联学者的研究不同，西方学者着重从塌岸机理方面进行研究。以 Amiri（2003）为代表的一些学者对塌岸的过程进行了深入研究，主要从河流侵蚀的角度出发研究其岸坡物质流失与河道地形变化的关系，提出了一些模型和方法用于计算侵蚀量以及预测达到平衡状态时的岸坡形态（Duan 等，2005；Istanbulluoglu，2005；Constantine，2009；Ercan 和 Younis，2009；Taghavi-Jelodar，2009；Vilmundardóttir，2010），并在洪水位以及模拟水位试验时，监测河岸侵蚀的变化情况，对岸坡的形态变化做出分析和考量，以便于水利部门对岸坡物质流失等的管理（Lawler，2001；Diane Saint 等，2001；Carroll

等，2004；Piégay 等，2005）。

以 Osman 等（1998）为代表的一些学者从岸坡的物理模型出发，以评价岸坡稳定性为目标，从河床冲深与河岸冲刷两个方面来分析黏性岸坡的不稳定性，认为塌岸最常见的原因是河床冲深与河岸冲刷引起的，河岸侧向冲刷过程使河道宽度增加，导致岸坡变陡，降低了河岸稳定性；河床下切增加河岸高度，也降低了河岸稳定性。然而，引起河床冲深与河岸冲刷的先决条件是水流条件，水流作用越强，其塌岸发生的可能性及强度就越大。因此，塌岸发生的原因主要取决于水流条件。河床冲深与河岸冲刷的相对数量是河岸物质组成的性质、河岸几何形态、河床物质组成类型及水流特性的函数。同时认为，岸坡因土体过重而引起的失稳与土壤性质和河岸几何形态密切相关（Thorne，1981；Darby，1994，1996，2000，2007），并考虑岸坡土体的物质组成和属性，将岸坡在竖直方向上按土体性质进行分层，且考虑水位变化、渗流等因素对岸坡稳定性的影响（Howard 等，1988；Mark，2004；Hubble，2004；Chu -Agor 等，2008；Újvári，2009）。

Millar 等（2000）在 Huang（1997）与 White（1982）等学者研究砂砾石河流河岸稳定性模型的基础上，考虑了中粒径物质对河岸稳定性的影响，并根据具体情况对河岸泥沙摩擦角进行修正，着重分析了河流岸坡不同的植被情况时，其摩擦角的值相差较大，对河岸的稳定性产生较大影响，并认为植被较好河岸的稳定性约为植被较差河岸的3倍，其他一些学者针对植被对岸坡稳定的影响做了类似的研究（Wiel 和 Darby，2007；Pizzuto，2010）。

美国学者 Simon 等认为影响河岸侵蚀的主要因素有水力参数、河床与河岸物质组成的特性、河岸的特性、风浪影响、气候影响、生物影响、人类活动的影响等。虽然引起塌岸的因素很多，但在众多因素中，大多数学者认为：塌岸的发生离不开水流及边界这两个基本条件，其中水流条件起着决定性的作用，是塌岸发生发展的主导因素，其他的因素也是通过对水流与边界的改变来影响塌岸的强度（Simon，Collison，2002；Simon 等，2003；Simon，2005；Parker 等，2008；Pollen，2007）。

日本京都大学的 Nagata 等（2000）推导出了计算河道变形及平面变化的二维河流动力学方程，运用数值模拟方法进行了库岸再造速率以及范围预测的尝试，但由于该方法只适用于较均质的砂质库岸，而一般塌岸的形成机制复杂，影响塌岸的水文动态都很难模拟，因此这方面的研究还处在试验阶段。

Langendoen（2000）开发了 CONCEPTS（CONservational Channel Evolution and Pollutant Transport System）系统，该系统模拟了河道中一维流场、分级泥沙传输、河道展宽、植被等对岸坡结构的影响等（Langendoen 等，1999；Simon 等，1999；Langendoen，2000）。

Simon 等基于 Excel 开发了 BSTEM 模型（Bank - Stability and Toe Erosion Model），通过选择剪切面、土层属性、孔隙水压力、水位线、植被状况以及岸坡趾部侵蚀算法等，对岸坡稳定性做出评价。增强的 BSTEM 模型使用户可在平面失稳模式和悬臂梁失稳模式之中进行选择（Wood，2001；Pollen，Simon，Langendoen，2007）。

本书融合了苏联学者和西方学者的研究思路和方法，在对研究区进行塌岸模式和机理研究的基础上，针对不同类型的塌岸，进行塌岸的范围预测和稳定性分析。

1.2.2 国内研究现状

我国水库塌岸预测最早应用于官厅水库。1954 年，修建在永定河上的水利工程——官厅水库发生了比较严重的水库塌岸问题，孙广忠（1958）对官厅水库的塌岸问题进行了详细的研究，参照已有的方法，特别是康德拉捷夫法，提出了一种水库下游区的塌岸预测方法，他认为浅滩外形具有指数曲线性质，预测时关键是要弄清楚在塌岸过程中库岸剖面外形的变化及堆积系数，确定库岸剖面为任一形状时的位置，从而可以求得塌岸的宽度及塌岸量，孙广忠提出的方法在官厅水库的塌岸预测中得到了很好的应用。

随着黄河上水利工程（如龙羊峡水库、三门峡水库等）的修建，我国学者对水库库岸稳定性、库岸变形监测预警、治理等进行了较为全面的探讨，形成了适用于黄土地区水库库岸稳定性判别、预测的实用方法。

红层构成的岸坡较由坚硬岩体构成的岸坡稳定性差，但又较由松散土体构成的岸坡稳定性好。因此，预测红层岸坡塌岸的方法不能照搬岩体或者松散土体的预测方法。徐瑞春（2003）在对四川盆地红层河谷边坡多年研究的基础上，考虑红层中普遍存在的层间剪切带、可溶性盐等问题，对红层边坡进行分类，根据经验对红层塌岸预测图解法进行了若干修正，该法属于经验图解法，其有效性有待进一步验证。

随着三峡水库的建设与分期蓄水策略的实施，三峡水库的塌岸问题成为近年来国内学者研究的热点。唐朝晖等（1999）运用稳态坡形法对巫山县城新址库岸再造进行了预测，即在系统分析库岸地质环境条件的基础上，根据现代长江河谷岸坡形态参数类推水库蓄水后相应水位作用带的最终稳定坡角来获得最终库岸再造带及其平面展布。刘红星等（2002）对长江中下游岸坡的破坏形式与影响岸坡稳定性的因素进行了分析，提出大致影响岸坡稳定性的因素可划分为地质、河流及水动力学、气象水文等自然因素以及人类活动因素等。唐辉明（2003）在对三峡水库塌岸机理与模式研究的基础上，提出相应的工程治理方案。徐永辉等（2006）从蓄水后库区地貌的演化过程，探讨三峡水库蓄水对岸坡稳定性的影响。阙金声（2007）对三峡库区涪陵区水库塌岸地质条件进行了详细调研，对塌岸的影响因素、预测参数及取值、预测方法及其适宜性进行系统分析，认为传统的方法并不完全适用于山区河道型水库塌岸预测，提出采用粗糙集理论、BP神经网络和可拓学理论三者相结合的非线性塌岸预测方法。

目前，进行水库塌岸预测的方法主要有计算法、图解法、工程地质类比法、模拟试验法和水动力预测法等。在实际工作中，以图解法与计算法应用最广。在国内已建水库的塌岸预测中，采用较多的是卡丘金的计算公式（最终预测）和卓洛塔廖夫的图解法（10年和最终预测）。王跃敏等（2000）通过对福建水口水库塌岸的长期观测研究，提出了适合我国南方山区峡谷型水库的预测方法——“两段法”，并给出其适用范围，“两段法”预测的塌岸宽度比较接近实际。马淑芝、贾洪彪等（2002）在张咸恭等（1983）提出的稳定坡形、坡角地质类比法的基础上，提出了稳态坡形类比法，根据工程地质类比法的原则，对不同工程性质的岸坡选择不同的稳态坡形，充分考虑了岸坡岩土体工程性质的差异，使预测结果更趋于合理、准确，稳态坡形类比法在三峡库区移民迁建城镇库岸再造预测中得到了较好的应用。

近年来，国内许多专家学者在水库塌岸传统预测方法基础上，提出一些新的水库塌岸预测方法，为水库岸坡塌岸和稳定性预测评价提供了许多参考。汤明高等（2006）、许强等（2007）通过对三峡水库塌岸机理与模式的研究，提出了三种塌岸预测方法：岸坡结构法、三段法和多元回归分析法，形成了滑移型塌岸、崩塌型塌岸和流土型塌岸的预测方法。

综上所述，国内在重视机理研究的基础上，对塌岸的预测方法研究较多，特别是针对三峡水库的塌岸研究取得了丰富的成果。

1.2.3 塌岸研究中的GIS应用现状

GIS技术的发展，为水库塌岸预测提供了新的思路和方法。国外学者在对河流岸坡稳定性研究中较早地应用了GIS技术。Downward等（1994）基于GIS矢量分析方法，对岸坡在平面上的变化进行了展示；Kelley等（2000）在进行缅因州海岸的稳定性制图中采用了GIS技术；Winterbottom等（2000）在河岸侵蚀概率分析中引入了GIS方法，使其能够在地图上直观地进行表达；Zimmer等（2004）利用间隔13年的两期不同的遥感影像获取湖岸的变化状况，以GIS矢量格式数据展示这一变化，并分析影响岸坡侵蚀的因素，预测未来的变化趋势；Bhakal等（2005）通过卫星数据对过去30年间雅鲁藏布江的河道变迁进行研究，并探讨河道变迁和河岸侵蚀之间的关系；Buckingham等（2007）为了研究城市化进程对内华达州拉斯维加斯市水文系统的影响状况，通过24年间3个时段的影像，基于GIS空间分析，对河道变化与侵蚀进

行评价；Stone 等（2010）基于 ArcGIS 平台开发了河道稳定性评价的工具，通过将野外调查获得的参数（包括河岸坡度、河岸植被等）输入系统，进行河道稳定性评价。

我国在地质灾害的研究与评价中，较早地引入了 GIS 技术，比较有代表性的有：唐川等（1998）利用 GIS 的叠加分析功能编制了云南省地震诱发滑坡危险性预测图；何政伟等（2004）构建了基于 GIS 的库区塌岸空间信息管理系统；向喜琼等（2000）提出了基于 GIS 的地质灾害风险评价、管理的总体思路和具体步骤；殷坤龙等（2007）基于信息量模型将多个单因子图层加权叠加进行滑坡危险性评价。

就目前而言，GIS 在地质灾害研究领域的应用已经十分普及，GIS 在塌岸研究领域的应用也是如此，但大多是将 GIS 作为数据处理、结果展示的工具，其强大的空间分析功能没有进一步开发出来，应用深度还有待进一步加强。

1.2.4 国内外研究中存在的问题

通过对国内外塌岸研究现状的分析可知，塌岸研究主要体现在塌岸范围预测、塌岸机理研究和塌岸预测参数研究三个方面，取得了丰硕的成果，但同样存在以下一些不尽如人意的地方。

（1）以单体塌岸预测为主。单体塌岸预测需建立在对库岸边坡详细调查与分析的基础上，才能获得塌岸预测参数，但针对大区域塌岸研究而言，这一过程耗时长，因此，结合摄影测量或遥感进行区域上的塌岸调查与预测参数的提取，不失为一种提高效率的方法。

（2）以二维的塌岸宽度预测为主。目前塌岸预测以获得岸坡最终稳定状态时的塌岸宽度为主，较少涉及塌岸的体积预测和形态预测。

（3）以定性的塌岸预测为主。塌岸预测所给出的塌岸宽度，均为水库运行稳定之后的预测结果，而这一过程往往要经历一段很长的时间，因此，预测的结果难以对岸坡现今的稳定状态做出定量化评价。

（4）GIS 应用于塌岸研究的程度尚浅。GIS 作为一个有效处理空间数据的工具被广泛应用于塌岸的分析与评价，但应用的程度较低，GIS 在塌岸研究中的应用停留在数据处理、数据存储和成果表达的层次上，没有将空间分析深层次地应用于塌岸研究中。

（5）塌岸风险评价的研究程度尚浅。塌岸风险评价多沿用地质灾害风险评价的模式，采用图层叠加的方式实现，与单体的定量化计算岸坡稳定的安全系数和失效概率等参数相互孤立，导致单体塌岸稳定性计算的成果没有很好地在区域风险评价中得到体现。

1.3　研究方法与技术路线

1.3.1　研究方法

本书以金沙江下游溪洛渡水电站库区为研究区，采取从坝址区沿江向上游回水区终点进行野外调查的方法，获取金沙江沿江 600m 蓄水位高程附近松散堆积体的分布状况，通过室内试验，获取堆积体的物质组成、原位密度；然后采用地理信息系统空间分析方法，由点到面，通过模型构建和参数选取，对回水区典型岸坡进行稳定性评价；基于地理信息系统组件开发方式，开发独立应用系统或独立应用插件，进行水库塌岸的范围预测与稳定性评价，主要研究方法如下：

（1）野外调查与室内试验。通过野外调查对研究区松散堆积体分布状况有较深入的认识和了解，并对典型堆积体取样开展室内土工试验，获取松散堆积物的粒度组成与原位密度，为单体塌岸模型构建、塌岸预测与稳定性分析提供基础数据。

（2）影像解译与 GIS 空间分析。通过对研究区 0.5m×0.5m 航空影像的解译，获取河流中心线、枯水位线、洪水位线、河漫滩等信息，结合 2.5m×2.5m DEM，通过 GIS 空间分析和二次开发等方式进行数据挖掘，提取塌岸预测所需参数，并与野外实测或综合计算的参数进行对比分析，为塌岸预测模型所需参数的获取提供新的途径。

（3）基于高分辨率 DEM 的极限平衡法的应用。在岸坡稳定性分析中，极限平衡分析法是最常用的方法，其应用的前提是首先构建二维或三维的地质模型，高分辨率 DEM 为地质模型的构建提供了方便，因此，将极限平衡方法与高分辨率 DEM 数据相结合，可在 GIS 平台下应用。

（4）GIS 组件开发方法的应用。地理信息系统桌面平台如 ESRI 公司的 ArcGIS Desktop 平台，以实现通用的 GIS 功能为主，但针对某一行业而言，则具有更多专业化应用的需求，GIS 组件开发模式使这一需求得以实现，即在地理信息系统基本功能的基础上，开发更具专业化和适用性的模块，主要有两种方式：一是通过 GIS 二次开发组件进行应用程序的开发，即脱离宿主平台，在可视化开发平台中，嵌入 GIS 组件，最终完成独立应用系统的开发；二是开发专业应用程序插件，添加到现有宿主桌面平台中进行应用，或将其应用于独立应用开发程序中。插件开发适用于多个宿主程序，更加灵活，例如，将基于 ArcGIS Engine（以下简称 AE）组件开发的插件嵌入 ArcGIS Desktop 平台后，能够同时利用该软件的其他功能。

1.3.2 技术路线

针对目前水库塌岸的研究现状与存在的问题，本书以GIS为技术手段，对水库塌岸预测与风险评价的流程、方法和实现进行了系统的研究，采用的技术路线如图1.3所示。

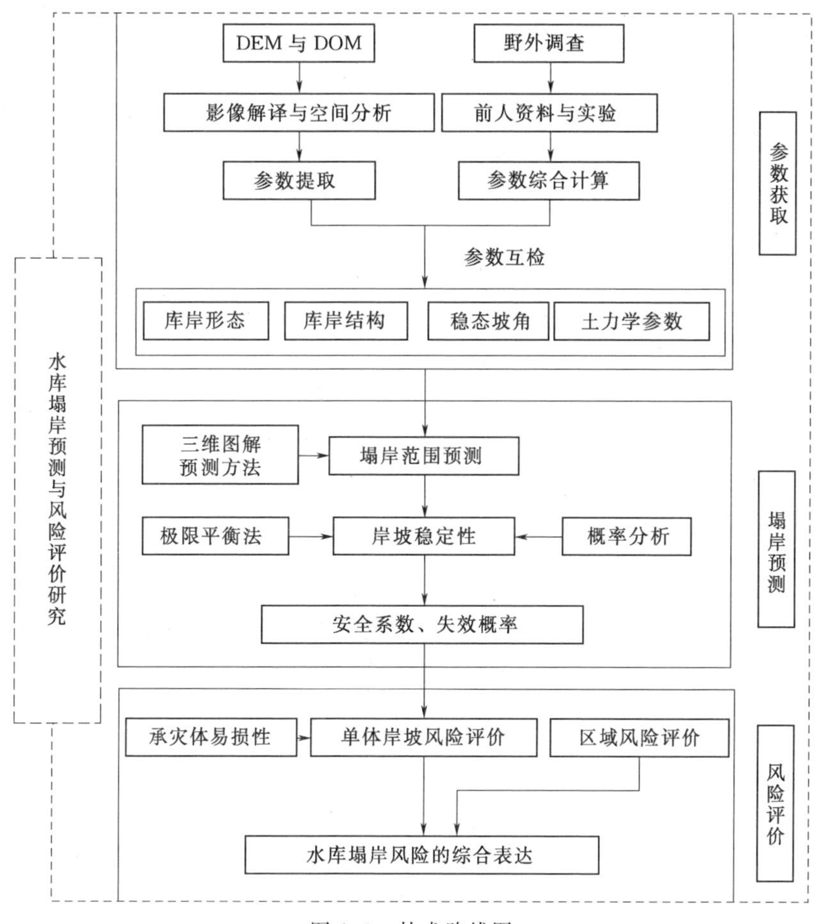

图1.3 技术路线图

1.4 研究内容与创新点

1.4.1 研究内容

以金沙江溪洛渡库区为例，着重进行了以下五个方面的研究：

（1）水库塌岸预测参数自动提取方法研究。在水库塌岸预测中，水上和水下稳定坡角是进行水库塌岸预测的关键参数，传统获取稳定坡角的方法是野外测量法，显然，该法具有诸多局限性，例如，野外工作人员无法到达的地方则只能采用估测的方法，同时测得的坡角在运用时通常以单点值代替区域值。前人针对这些问题也进行了不同程度的研究，多采用室内试验的方法，得出一些稳定坡角与库岸物质组成之间的关系，根据某一区域物质组成成分可类比得到该区域内的水下及水上稳定坡角（刘娟，2010）。本书通过高分辨率遥感影像获取详细的地貌信息，根据高分辨率 DEM 获取详细的地形信息，通过对水库蓄水前原始岸坡的稳定坡形参数的分析和计算，再根据工程地质类比法，预测水库蓄水后相应的稳定坡形信息。

（2）基于 GIS 的水库塌岸范围预测插件的设计与开发。目前进行水库塌岸预测的方法中，图解法是应用最广泛的方法，我国学者在卡丘金图解法进行水库塌岸预测的基础上，提出了适用于不同地区的塌岸预测方法，例如王跃敏等提出的“两段法”、许强等提出的岸坡结构法等。但这些方法多采用二维的图解方法进行水库塌岸宽度的计算，本书在二维图解方法的基础上，基于“两段法”，将水库塌岸预测从二维空间拓展到三维空间，将塌岸宽度预测拓展到塌岸体积预测和塌岸后的岸坡形态预测。根据这一思想，基于 AE 二次开发组件和“两段法”的基本原理，开发水库塌岸计算的工具插件。

（3）融合 GIS 与极限平衡法进行岸坡稳定性评价的研究。针对研究区内大量分布的滑移型塌岸，采用安全系数分析的方法对岸坡稳定性做出定量化评价，这一过程利用 GIS 二次开发方法实现，基于 DEM 建立二维或三维地质模型，以极限平衡法为基础，在该类塌岸可能发生的区域，进行安全系数的计算。

（4）滑移型塌岸稳定性评价的概率分析方法研究。针对某一水库涉水岸坡，在进行稳定性分析的过程中，一个首要的前提是获取岸坡稳定性计算参数，例如，岸坡土体天然状态下的抗剪强度指标和饱和状态下的抗剪强度指标等，但这些参数由于空间上的差异、试验以及统计上的误差等原因，存在不确定性。因此，在稳定性计算的基础上，引入概率分析的方法，对岸坡的稳定性进行可靠度评价。

（5）水库塌岸风险评价研究。在水库塌岸空间范围预测的基础上，将塌岸发生可能影响范围内的人口、社会经济信息等作为风险评价指标引入评价体系之中，进行风险评价，将区域风险评价与单体风险评价相结合，满足不同细节程度上的风险评价的要求。

1.4.2　创新点

本书基于 GIS 对塌岸范围预测与稳定性评价方法、风险评价方法等进行了研究，主要的创新点体现在以下三个方面：

（1）基于高分辨率DEM与DOM批量提取塌岸预测参数的方法研究。高分辨DEM与DOM数据分别表现了详细的地形信息和地貌信息，这使得塌岸预测参数的自动化批量获取成为可能。通过对研究区枯水期高分辨率影像的目视解译，提取枯水位线和洪水位线，基于DEM进行GIS二次开发，自动化批量获得该区域内的稳态坡角。

（2）水库塌岸预测的方法研究。二维图解法是对现实状况的简化，本书在传统方法的基础上，基于高分辨率DEM，将图解法从二维拓展到三维，实现了计算过程的自动化和可视化，并能完成塌岸体积的计算和塌岸后岸坡形态的预测。

（3）融合GIS技术与极限平衡方法实现塌岸稳定性评价与概率分析。基于GIS平台，在对塌岸或滑坡体DEM进行空间分析时，引入基于极限平衡理论的岸坡稳定性计算插件，使得极限平衡法在获取岸坡剖面时方便快捷，并可获得多个剖面，表达其不同部位的稳定状态；考虑参数的随机性，采用蒙特卡罗模拟法，对塌岸体稳定性进行概率分析，以安全系数和失效概率这两项指标对塌岸稳定性进行综合评价。以上过程通过GIS二次开发实现，实现了单体稳定性在空间尺度上计算和表达。

第2章　溪洛渡库区地质环境与塌岸条件

溪洛渡库区位于金沙江下游河段，上至四川省攀枝花市，下至四川省宜宾市，全长782km，水位落差达729m，水资源丰富，水能蕴藏量大。该河段内拟建四座巨型梯级水电站，从下游至上游依次为向家坝、溪洛渡、白鹤滩和乌东德水电站。溪洛渡水电站位于云南省永善县与四川省雷波县交界的金沙江峡谷段，是一座以发电为主，兼有拦沙、防洪和改善下游航运等综合效益的大型水电站。该区域位于青藏高原、云贵高原和四川盆地的接壤地带，以高山、中山地貌为主，地势高差大，岸坡陡峻，断裂构造发育，多年平均年降水量达600～1100mm，其中5—10月集中了多年平均年降水量的83%～91%，且多大雨和暴雨，森林覆盖率低，是我国地质灾害高发区。

2.1　区域地质环境

2.1.1　地形地貌

溪洛渡水库为典型的峡谷河道型水库，地处云贵高原和四川盆地两大地貌单元所接壤的大凉山地带向川中盆地的过渡地段，属强侵蚀高山、中山地貌类型。地势总体西高东低，山脉走向以近南北及北东向为主，与构造线展布方向大体一致。金沙江总体呈北东向展布，河谷切割深度为1500m左右。河谷基本上以V形谷为主，谷坡陡峭。库区及邻区地貌形态主要受岩性、构造，特别是新构造运动所控制。按其成因类型可简略划分为构造侵蚀地貌和构造侵蚀溶蚀地貌两大类。

(1) 构造侵蚀地貌。主要分布在库区中部黄坪至西溪河河口段，其次在库尾西溪河河口以上的河谷地带和库首雷波—永善向斜盆地以东，其面积居各类地貌之首，为高山、中山地貌。其间南北向、北东向断裂、褶皱发育，断块山、单面山成生普遍。河流深切，陡崖密布，山岭高程为1500～3500m，高差大于1000m；峡谷或嶂谷发育，两岸坡度为30°～50°，局部为陡崖。

(2) 构造侵蚀溶蚀地貌。主要分布在坝址—黄坪、库尾西溪河河口以上的山岭地带。由寒武系、奥陶系和二叠系碳酸盐岩构成，为高山、中山地貌。山体浑厚，山顶呈块条、长垄及环状，峭壁耸立，山势险要。岩溶较为发育，有

峰丛、石柱、溶丘、洼地、漏斗、落水洞、水平溶洞和暗河出口等。山顶海拔高程为 1000～3500m，岭谷间高差大于 1000m。

此外，由于库区受地表水系的强烈深切侵蚀，造成河谷狭窄、谷坡陡峻、基岩裸露，除局部河段外，河谷多呈狭窄的 V 形谷，江面宽度为 50～250m 不等，最宽可达 400 余 m，河流平均坡降为 1‰。岸坡坡度一般为 30°～60°，最大可达 80°。在坡脚地带常见崩坡积裙、滑坡、冲洪积扇及零星阶地分布。

2.1.2 地层岩性

库区地层除缺失石炭系、三叠系上统、侏罗系与第三系之外，从元古界至第四系均有出露，地层岩性特征见表 2.1。

表 2.1　　溪洛渡库区地层简表

<table>
<tr><th rowspan="2">界</th><th rowspan="2">系</th><th rowspan="2">统</th><th colspan="3">1：20 万地层划分</th><th rowspan="2">综合岩组（岩类）</th><th rowspan="2">厚度/m</th><th rowspan="2">岩性描述</th></tr>
<tr><th>组</th><th colspan="2">地层代号</th></tr>
<tr><td>新生界</td><td>第四系</td><td></td><td></td><td colspan="2">Q</td><td>Q</td><td>0～160</td><td>冲洪积、崩坡积、滑坡堆积砂砾石、漂卵石、块碎石、砂质黏土</td></tr>
<tr><td rowspan="3">中生界</td><td rowspan="3">三叠系</td><td>中统</td><td>雷口坡组</td><td colspan="2">T_2l</td><td rowspan="2">T_{1-2}(L)</td><td rowspan="2">352～575</td><td rowspan="2">灰黄色泥质灰岩、灰岩、白云质灰岩夹砂页岩</td></tr>
<tr><td rowspan="2">下统</td><td>嘉陵江组</td><td colspan="2">T_1j</td></tr>
<tr><td>铜街子、飞仙关组</td><td colspan="2">T_1t+f</td><td>T_1t+f(S)</td><td>174～580</td><td>紫红色砂岩、岩屑砂岩、粉砂岩、泥岩夹泥灰岩</td></tr>
<tr><td rowspan="9">古生界</td><td rowspan="5">二叠系</td><td rowspan="2">上统</td><td>宣威组</td><td colspan="2">P_2x</td><td>P_2x (S)</td><td>17～100</td><td>紫红色砂岩、粉砂岩、泥岩夹灰岩，底部为灰白色铝土岩、黏土岩</td></tr>
<tr><td>峨眉山玄武岩</td><td colspan="2">$P_2\beta$</td><td>$P_2\beta(\beta)$</td><td>270～834</td><td>灰色、深灰色致密状玄武岩、含斑玄武岩、斑状玄武岩及火山角砾熔岩，底部为砂页岩、铝土岩</td></tr>
<tr><td rowspan="3">下统</td><td>茅口组</td><td>P_1m</td><td rowspan="2">P_1y</td><td rowspan="2">P_1y(L)</td><td rowspan="2">108～1000</td><td rowspan="2">灰白—深灰色灰岩、生物碎屑灰岩夹泥灰岩，生物灰岩夹白云岩</td></tr>
<tr><td>栖霞组</td><td>P_1q</td></tr>
<tr><td>梁山组</td><td colspan="2">P_1l</td><td rowspan="5">Q_3+S(S)</td><td>2～6</td><td rowspan="5">灰色、深灰色、灰黄色、黄绿色砂岩、粉砂岩、泥岩、页岩、砂质页岩夹泥灰岩、泥质灰岩</td></tr>
<tr><td>泥盆系</td><td></td><td></td><td colspan="2">D</td><td>0～218</td></tr>
<tr><td rowspan="3">志留系</td><td>上统</td><td></td><td colspan="2">S_3</td><td rowspan="3">466～932</td></tr>
<tr><td>中统</td><td></td><td colspan="2">S_2</td></tr>
<tr><td>下统</td><td></td><td colspan="2">S_1</td></tr>
</table>

续表

界	系	统	1：20万地层划分		综合岩组（岩类）	厚度/m	岩性描述
			组	地层代号			
古生界	奥陶系	上统		O_3	$O_3+S(S)$		灰色、深灰色、灰黄色、黄绿色砂岩、粉砂岩、泥岩、页岩、砂质页岩夹泥灰岩、泥质灰岩
		中统	大箐组	O_2d	$O_2(L)$	116～730	灰色、深灰色生物碎屑灰岩、灰岩、白云岩、浅肉红色含铁泥质灰岩
			宝塔组	O_2b			
		下统	巧家组	O_1q			
			湄潭组	O_1m	$O_1(S)$	295～504	灰绿色、紫色泥质细砂岩、石英砂岩及页岩，灰色结晶灰岩、泥灰岩，黑色页岩、砂质页岩
			红石崖组	O_1h			
	寒武系	上统	二道水组	$\in_3e$	$\in_3e(D)$	150～464	灰—深灰色、粉—细晶白云岩、白云质灰岩夹少量砂岩、粉砂岩
		中统	西王庙组	$\in_2x$	$\in_2x(S)$	100～255	紫红色、砖红色粉砂岩、砂岩、泥岩，灰白色白云岩夹石膏
			陡坡寺组	$\in_2d$	$\in l+d(D)$	142～368	灰色灰岩、白云岩，灰黑色白云质灰岩、灰岩、泥质白云岩夹石膏；灰绿色页岩
		下统	龙王庙组	$\in_1l$			
			筇竹寺、沧浪铺组	$\in_1q+c$	$\in_1q+c(S)$	394～642	灰绿色、灰黑色泥质石英粉砂岩、细砂岩、砂岩、页岩夹泥灰岩
			梅树村组	$\in_1m$	$Zb+\in_1m$（D）	581～1200	灰—深灰色块状白云岩、白云质灰岩、泥质白云岩，含藻礁白云岩，灰黑色燧石条带或团块白云岩和白云质磷块岩
元古界	震旦系	上统	灯影组	$Zbdn$			
			南沱、陡山沱组	$Zbn+d$	$Za+b(S)$	249～1053	紫灰、暗紫色、灰白色砾岩、砂砾岩、含砾砂岩、石英砂岩、长石英砂岩、凝灰质砂岩及紫红色页岩
		下统	澄江组	Zac			
	前震旦系			Pt	Pt(M)	3350～4500	灰绿色、灰黑色石英绢云母千枚岩、变质绢云母石英粉砂岩

注　（S）—碎屑岩；（L）—石灰岩；（D）—白云岩；（M）—变质岩；（β）—玄武岩。

前震旦系（Pt）仅出露于对坪一带，震旦系（Z）分布在库区岭脊部位，且与区域断层相伴出露。古生界寒武系（∈）、奥陶系（O）、志留系（S）和二叠系（P）分布在库区绝大部分库段，为库区的主要地层，约占库区面积的70%～80%，泥盆系（D）仅出露于库尾谷肩一带，向下游尖灭。其中峨眉山玄武岩（$P_2\beta$）主要分布在溪洛渡、白鹤滩坝址区及库中部黄坪上游；中生界三叠系（T）主要分布在溪洛渡两侧坝肩以上区域及库区外围；第四系松散堆

积零星分布在沿江两岸坡脚及金沙江河床和阶地部位。

2.1.3 地质构造

溪洛渡水电站库区位于扬子陆块区的二级构造单元扬子陆块南部碳酸盐台地，西邻康滇地轴断隆带，东接川中前陆盆地。康滇地轴断隆带基底为康定群及盐边群组成，具有双层结构特点，经晋宁运动后成为地台。除上震旦统及下二叠统分布较广外，普遍缺失古生界沉积，仅德昌以南局部地段及地轴边缘才有分布，故形成上三叠统超覆于晋宁地体上。带内岩石圈断裂发育，其长期活动而分布基性、超基性、酸性岩浆侵入和玄武岩的喷溢。新生代以来构造活动强烈，沿断裂发育为断陷谷，其地震分布多，成为著名的地震带。

在库区内，构造类型以北东向和南北向的断裂、褶皱为主，而小规模的北西向断层则属北东向断裂的伴生构造。从库区上游至坝址构造形迹由以断裂为主过渡为以褶皱为主。抓抓岩—牛栏江河段发育北东向莲峰断裂及南北向峨边-金阳断裂，石板滩以下的近坝库段和坝址区主要发育一系列的北东向褶皱。从金沙江的流向看，河流发育明显受构造的控制。

（1）库区褶皱构造。库区褶皱从上游至下游逐渐增多，由疏变密，尤其在库首抓抓岩至坝址褶皱较为发育。褶皱涉及的地层有元古界、古生界和中生界。其特点是石板滩以下的库首段向斜、背斜密集，规模小而较为紧闭、完整；石板滩—西溪河口段向斜规模大而完整，背斜小而零散，且多呈北东向展布，两翼多受同向断层的切割或限制，西溪河口以上的库尾段以单斜构造为主。库区金沙江依次穿越的主要褶皱有石板滩背斜、王家田坝背斜、蒿枝坝向斜、老寨子向斜、小田坝背斜、龙王庙向斜及觉梯背斜等。

（2）库区断裂构造。库区断裂构造较为发育，其主干断裂有南北向展布的峨边-金阳断裂带和北东向展布的莲峰断裂带，另有伴生的东西向小断层。

1）峨边-金阳断裂带。北起峨边西北，向南经烟峰西、刹水坝、马颈子等地，于永善大兴附近交于莲峰断裂，长约180km，库区段分布在距坝址约23km的石板滩至库中段大兴的左、右两岸，以左岸为主。断裂产状：SN/W∠50°～70°，破碎带宽数十米，主要由压碎岩、角砾岩、片状岩及断层泥组成，为逆冲断层。断层两盘影响带较宽，通常为200～500m，带内岩层揉皱强烈。此断裂带错断了元古界、古生界地层，由马颈子断层（主干断层）、上田坝断层、硝滩断层和金阳断层组成。

2）莲峰断裂带。南起巧家、大寨，向北东方向经灯厂、莲峰延伸至木杆河一带，止于盐津附近的北北西向隐伏断裂带，长达150km。库区内分布在黄坪至库尾的金沙江右岸，断裂产状N50°～60°E/NW∠60°～80°，总断距达数百米，破碎带宽数米至数百米，主要由片状构造岩、碎裂岩、糜棱岩和断层泥组成，断于元古界至中生界地层中，主要由莲峰断层、头坪断层、赵家坪断层等数条北东向断层组成。

3）北西向断裂。北西向断裂在库区发育规模不大，成带性不强，出露长度仅为1～22km，属北东向断裂伴生构造，零散垂直展布于北东向构造两侧，普遍切割了北东向及近南东向断裂。断裂走向N45°W，具波状现象，倾角为65°至近直立，主要表现为张性、张扭性断层。库区具代表性的北西向断层在金沙江支流牛栏江附近的观音岩断层、小河沟断层。

2.1.4　水文地质条件

根据地下水赋存条件及运移特征将库区地下水划分为松散堆积物孔隙水、基岩裂隙水和碳酸盐岩岩溶裂隙水三大类。

(1) 松散堆积物孔隙水。该含水岩类由第四系冲洪积、崩坡积及滑坡堆积等构成。冲洪积堆积物主要分布在金沙江各级阶地、河床和支流、支沟内，由砂砾石层及块碎石夹黏土组成，结构较松散，具有较强的透水性。崩坡积和滑坡堆积主要由块碎石或块碎石夹黏土组成，结构松散，透水性良好。此含水层的富水程度取决于堆积物的物质组成、结构、厚度及分布，以孔隙水为主，泉流量差异较大，主要受大气降水补给，一般地下水位埋深较浅，向金沙江排泄。其动态变化明显受当地季节性降雨的影响。

(2) 基岩裂隙水。按含水介质将基岩裂隙水划分为：①碎屑岩裂隙水，该含水岩组主要见于库尾和水库中段，含水岩组主要为三叠系（T）与寒武系（∈）粉砂岩、砂岩，而志留系（S）页岩、泥岩为区域性的相对隔水层或隔水层，该岩组的富水程度受岩性和构造的控制。相对而言，砂岩、粉砂岩裂隙发育，富含地下水，但含水不均匀，一般泉流量为0.14～6.24L/s，最大为53.86L/s，其补给源主要为大气降水，动态较稳定，且向金沙江排泄。②变质岩裂隙水，主要分布在库中段松林、对坪以东的前震旦系地层中，含水岩组主要由千枚岩、变质粉砂岩、片岩等组成，透水性较差，地下水不丰富，受大气降水补给并向金沙江排泄。③玄武岩裂隙水，主要分布在库首坝址区和库尾一带，其含水性基本上受玄武岩内的原生裂隙、构造裂隙控制，一般透水性较差，水量较贫乏，泉流量为0.1～1.0L/s，个别可达5L/s。但在其风化卸荷带内，由于裂隙发育，张开度较好，且少有充填，其透水性能较好。而玄武岩裂隙连通性决定了地下水位较大的埋深。受大气降水补给，同时以向金沙江排泄为主。

(3) 碳酸盐岩岩溶裂隙水。含水岩组主要为震旦系灯影组白云岩、寒武系灰岩和白云岩、奥陶系灰岩、二叠系阳新灰岩和三叠系雷口坡组灰岩、泥灰岩，主要分布在库首至库中段。其富水程度取决于该岩类的岩溶化程度，而岩

溶发育程度与岩性、岩体结构、裂隙发育情况及所处构造部位密切相关。其中二叠系阳新灰岩质地较纯，岩溶化程度较高，其岩溶水丰富。常有大泉、暗河分布，一般泉流量为10～100L/s，最大可达200L/s。其补给仍以大气降水为主，其次为上覆地层内的地下水，以集中向金沙江排泄为主。

2.1.5 新构造活动与地震

溪洛渡库区的新构造运动以大面积整体性、间歇性抬升为主，并具有抬升幅度西部大于东部的掀斜性和沿边界断裂的差异性运动的特点。第三纪末期以来，由于本区剧烈抬升，形成金沙江水系强烈下切的峡谷地形，山势陡峭，冲沟短而坡降大。

自第四纪以来，区内区域性大断裂的活动性差异明显。根据地质调查和国家地震局的资料分析表明：峨边-金阳断裂早更新世至晚更新世活动强烈，但晚更新世以来活动很弱，南端相对北端更为微弱；莲峰断裂在新生代早中期有过多期活动，具有稳定蠕滑特征，最晚活动年代在中更新世至晚更新世初，晚更新世以来活动不明显。

根据国家地震局地震烈度区划资料和水库地震地质背景分析，影响库区的外围地震带为鲜水河-安宁河-小江地震带和马边地震带，其中尤以马边地震带与水库最为密切。该地震带位于水库的东侧，距坝址20～40km，北起马边附近，经靛兰坝、玛瑙、璜琅、大关木杆河至吉利铺，呈北北西向展布，长约120km，宽约20km，与马边-盐津隐伏断裂展布方向基本一致。库尾上游小江断裂与莲峰断裂和凉山断裂束的相接部位地震活动对库区亦有影响。根据中国第四代地震动峰值加速度区划图，除库尾极其有限的范围地震动峰值加速度为0.20g外，其余为0.10g或0.15g。

2.2 塌岸发生条件分析

2.2.1 松散堆积物类型及其分布

溪洛渡水电站库区的塌岸主要发育于第四系堆积体岸坡中，堆积体的类型决定了研究区内塌岸的类型。

研究区内松散堆积体成因类型主要有崩坡堆积、滑坡堆积、冲积、洪积以及混杂堆积等，以近坝库段（距坝里程10km处）、黄华上下游（距坝里程60km处）、大兴上下游（距坝里程100km处）和对坪上下游（距坝里程160km处）分布较为密集，如图2.1所示。各类堆积物总面积176.02km^2，其中以崩坡积堆积体和滑坡堆积体最多，占总面积的54.18%，如图2.2

所示。

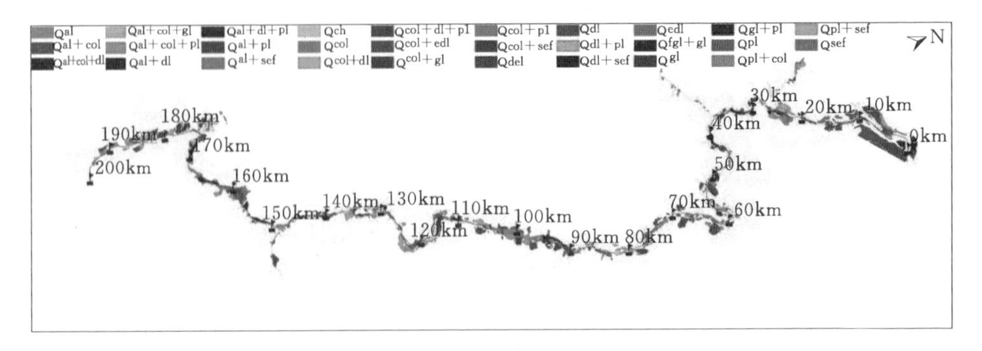

图 2.1 研究区塌岸堆积体空间分布

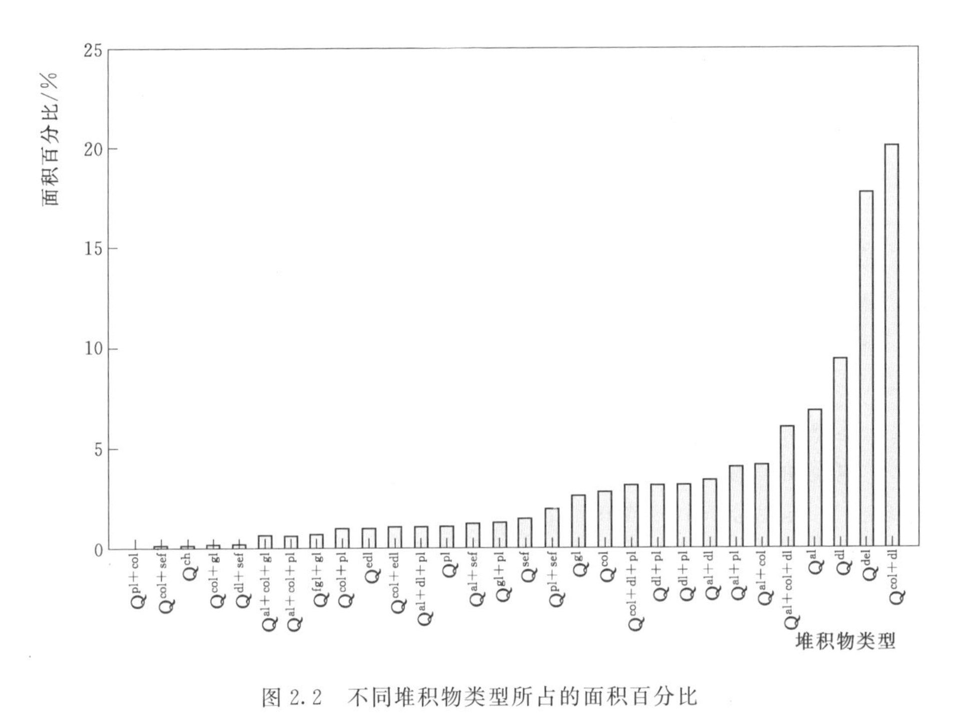

图 2.2 不同堆积物类型所占的面积百分比

为分析不同类型松散堆积物岸坡的物质组成和物理性质特征，野外调查过程中对不同类型的松散堆积物进行了现场试验和系统采样，其内容主要包括现场采用灌水法获取原位密度，以及取样后进行室内试验，获取颗粒分布曲线和其他指标。取样时，以获取塌岸区堆积物主体类型具有代表性的碎石（土）体为取样的基本原则，由于多数塌岸区堆积物具有多种成因，类型混杂，因此，取样必须以主体类型为主，当次要类型物质成分所占比例较大时，适当增加该类型堆积物的取样点数。

2.2.1.1 滑坡堆积体岸坡

研究区内该类型堆积体分布较广泛，二道岩、干海子、上田坝为该类岸坡的典型代表。以干海子为例对取样点的基本特征与试验结果进行阐述和分析。

干海子塌岸区位于金沙江右岸，距坝里程13.6km，为滑坡堆积体。滑坡体所在岸坡凹向右岸，高程600～950m坡度较缓，地形特征为向下游缓倾的斜坡，在该塌岸区两处进行了取样，如图2.3（a）所示。

取样点D113位于蓄水位600m以下的次级滑坡体上，如图2.3（a）所示。滑坡体主要由块石、碎石组成，成分为灰岩，少量玄武岩，有2～5m巨型块石，棱角状。主体成分粒度有1～5cm、2～3m两种粒级。

取样点D114位于蓄水位600m之上的干海子滑坡堆积体上，如图2.3（a）所示。滑坡体主要由碎石组成，碎石成分为灰岩，少量玄武岩，粒度1～15cm。表层局部有坡积物堆积，厚度约数米不等。

通过室内试验，获得了干海子滑坡堆积体粒度分布曲线，如图2.3（b）所示，图例中编号后为取样点土体的天然密度值。

2.2.1.2 崩坡积物堆积体岸坡

罗家田坝塌岸区位于金沙江左岸，四川省金阳县德溪乡境内，距坝里程92.1km，顺江长度4.6km，上游起点为双龙坝村下游侧，下游至勤家岩洞下游侧，为崩坡积物、混杂河流相沙砾石堆积体。

堆积物主要由碎石土组成，碎石成分以灰岩为主，其次为砂岩、紫红色砂泥岩，棱角状，粒度以1～20cm为主，其次为30～90cm。后缘堆积物具粒序层理特征。局部地段表层胶结形成20～40cm硬壳。冲沟可见堆积厚度超过20m，沟底未见基岩。高程520m处可见河流相砂砾石堆积层，上覆崩坡积物。在该崩坡积堆积体上11处进行了取样分析，取样点位置如图2.4所示。

取样点D41位于勤家岩洞，坡积物堆积。堆积物为碎石，碎石成分主要为灰岩，少量砂岩、玄武岩。碎石粒度为2～10cm，棱角状，无分选性、层理等特征，少量块石粒径可达1m。坡体表面基本无土壤层，无植被，坡面平整，有冲沟可见堆积物厚度约10～15m。

取样点D42位于双龙坝下游侧，坡积物堆积。堆积物主要由碎石组成，碎石成分为玄武岩、砂岩，少量灰岩，粒度一般为1～5cm，部分为10～50cm；块石主要为玄武岩，均为棱角状，无分选性，局部夹有河流相砂砾石层。表层有厚度约50cm的胶结硬壳。

取样点D43位于双龙坝下游侧，崩坡积物混杂河流相砂砾石堆积。堆积物由坡积物碎石和河流相细砂、砂砾石层组成，以坡积物为主。坡积物成分为砂岩、玄武岩，少量灰岩，粒度为1～6cm，少量10～30cm，棱角状，无分选。河流相砂砾石层厚约1m，具斜层理，与崩积物呈相互穿插关系。

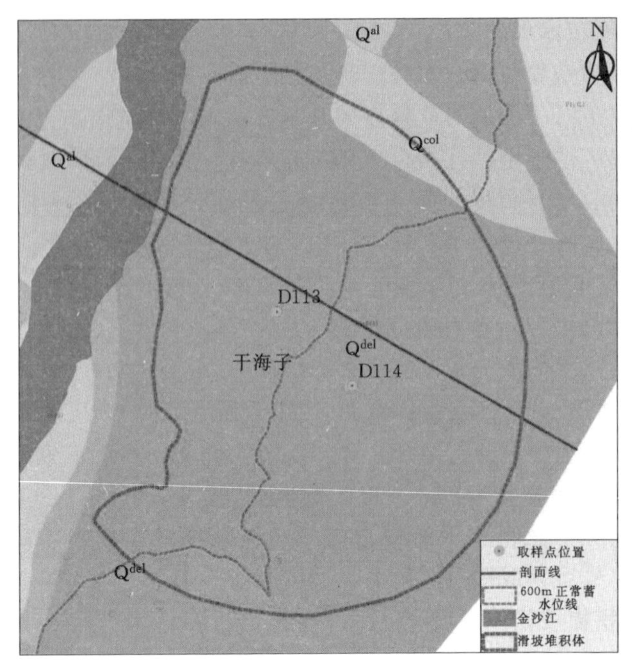

(a) 堆积体与取样点位置分布

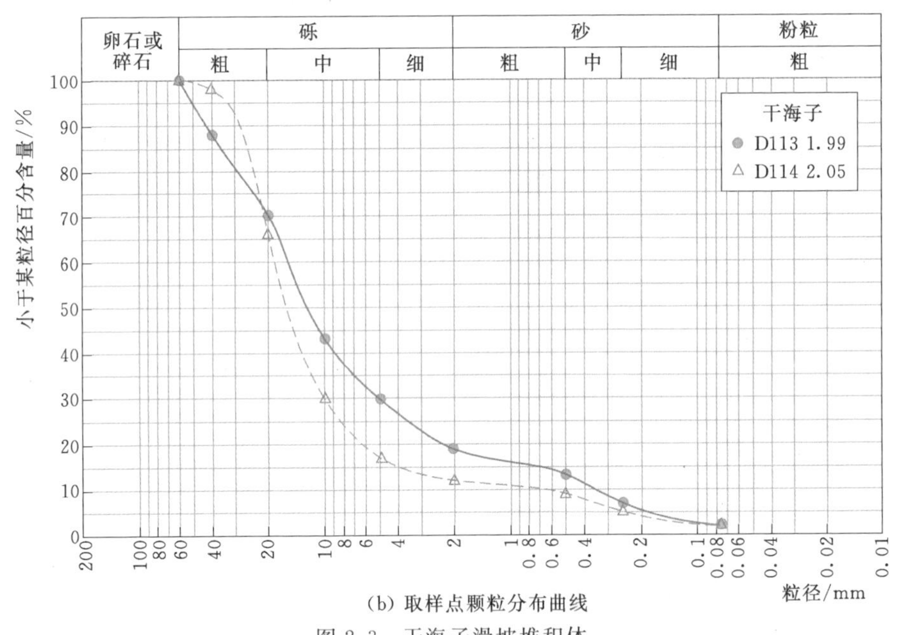

(b) 取样点颗粒分布曲线

图 2.3　干海子滑坡堆积体

取样点D44位于双龙坝下游侧，河流相冲积物堆积。堆积物主要为河流相粗砂堆积，具斜层理，轻度胶结，顶部为坡积碎石，下部夹有多层坡积碎石、砾石，砂砾石层具纹层构造。

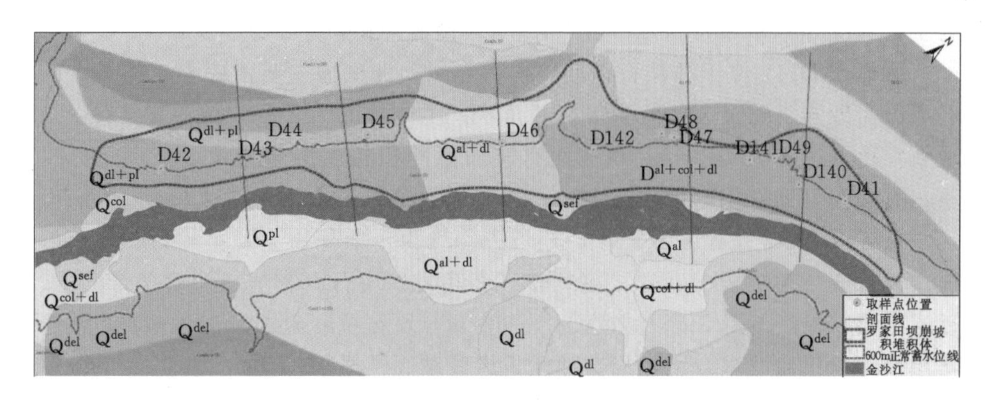

图 2.4　罗家田坝堆积体类型与取样点位置分布

取样点 D45 位于大坪子，崩坡积物堆积。堆积物主要为碎石，少量土，碎石成分为白云质灰岩，其次为砂岩、灰岩，棱角状，少量磨圆。粒度以 2～5cm 为主，其次为 1～3cm，少量大于 10cm。块石较少，一般粒径为 1m 左右，个别玄武岩块石较大，粒径可达 5～7m。坡面被冲沟切割成多个山梁，形态不一，坡面不平整。

取样点 D46 位于罗家田坝上游侧，崩坡积物混杂河流相冲积物堆积。堆积物主要为崩坡积物，由碎石组成，碎石成分以灰岩、泥质灰岩为主，其次为砂岩。粒度以 2～15cm 为主，其次为 1～2cm、20～50cm，棱角状，少数为磨圆，无明显分选特征，表面土壤较薄，仅数厘米，坡体表面为胶结砾石硬壳，厚 20～40cm。

取样点 D47 位于罗家田坝，坡积物混杂河流相冲积物堆积。堆积物以崩坡积物为主，主要为碎石，成分为灰岩、砂岩，部分玄武岩，棱角状，少量磨圆。一般粒度为 1～5cm，少量为 5～10cm，略具层理特征，部分粒序层理特征，显示坡面流堆积。坡体表面土壤层较薄，一般为 20～40cm，黑褐色。坡体由多条冲沟切割。

取样点 D48 位于马鞍石，河流相冲积物混杂崩坡积物堆积。堆积物主要为河流相砂砾石，粗砂，具斜层理，砂砾石成分为灰岩、砂岩、少量白云质灰岩，混杂有坡积物块石，较松散。

取样点 D49 位于马鞍石下游侧，崩坡积物堆积。堆积物主要由碎石组成，含少量土，碎石成分主要为紫红色砂岩，其次为灰岩，棱角状。一般粒度为 1～8cm，少量 10～30cm，少数块石可达 1m 左右。表层土壤层极薄，仅数厘米至 10cm。坡面平整，有数条冲沟切割可见坡积物厚度大于 15m。

取样点 D140 位于罗家田坝，崩坡积物堆积。堆积物主要由碎石土组成，碎石成分以灰岩为主，其次为砂岩、紫红色砂泥岩，棱角状。粒度以 1～20cm

为主，其次 30～90cm，后缘堆积物略具坡面流冲积粒序层理特征。

取样点 D141 位于马鞍石，崩坡积物堆积。堆积物主要由碎石土组成，碎石成分为砂岩、泥页岩、灰岩等，棱角状。主体粒度为 2～15cm，其次有少量块石粒径可达 50～100cm。顺坡面有坡面流冲积粒序层理特征。坡面总体平整，有冲沟可见堆积厚度超过 20m，沟底未见基岩。

取样点 D142 位于罗家田坝，崩坡积物堆积。堆积物主要由碎石、块石组成，碎石成分为灰岩、砂岩、泥页岩、玄武岩，块石由灰岩、泥质条带灰岩、砂岩组成，粒度不等，碎石粒度为 1～10cm，块石粒度为 40～150cm，表层土壤层较薄，仅数厘米或无，局部地段表层胶结固结成 20～40cm 硬壳。

罗家田坝堆积物成分粒度分布曲线如图 2.5 所示，图例中编号后为取样点土体的天然密度值。

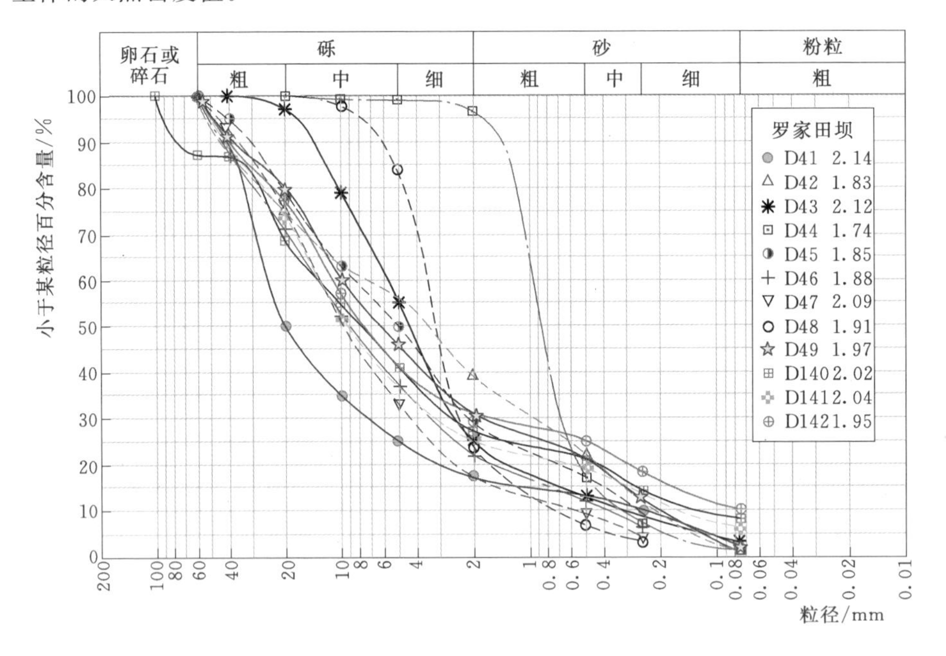

图 2.5　溪洛渡库区罗家田坝堆积物粒度分布曲线

2.2.1.3　冲洪积堆积体岸坡

大兴塌岸区位于金沙江右岸的大兴镇，距坝里程 98.3km，顺江长度约 4.0km，上游至月亮田，下游至定海寺，均为河流相冲积物堆积，在阶地中部马家沟、驿马沟两条大冲沟两侧混杂有洪积物堆积。

堆积物主要为河流相砂砾石层，具斜层理，砂砾石成分为砂岩、灰岩，少量泥页岩，松散无胶结，粒度以 1～5cm 为主，少量 5～20cm，棱角状，次磨圆状，具定向性。外侧临近金沙江附近胶结紧密，少量块石为灰岩、玄武岩。

在该塌岸区 7 个位置处进行试验和取样，如图 2.6 所示。

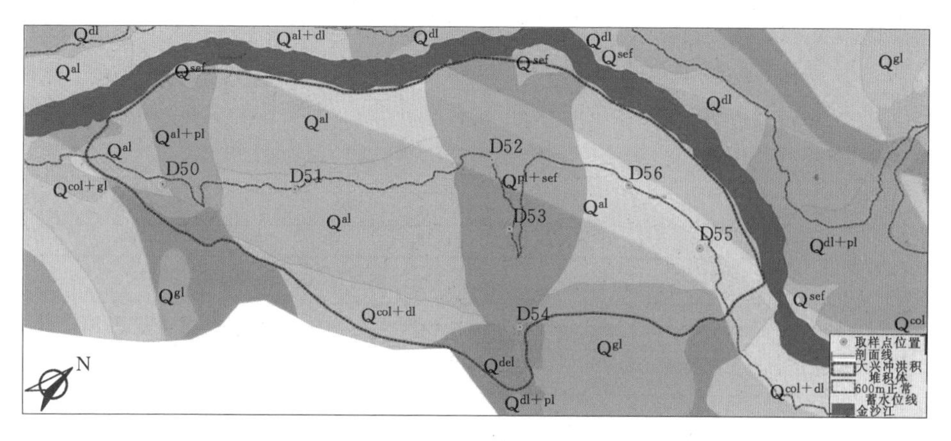

图 2.6 大兴堆积体范围与取样点位置

取样点 D50 位于大兴上游月亮田，河流相冲积物堆积。堆积物主要为河流相砂砾石层，具斜层理，砂砾石成分为砂岩、灰岩，少量泥页岩，较松散，粒度以 1～5cm 为主，少量为 5～20cm。

取样点 D51 位于大兴、花硐，河流相冲积物堆积。堆积物为河流相砂砾石，属中粗砂，其中夹泥岩透镜体，上部覆盖一层细砂层，具斜层理，坡体表面有少量坡积碎石、块石，巨型块石主要为灰岩，大于 7m，一般为 5～7m。

取样点 D52 位于大兴主沟沟口，河流相冲积物堆积。堆积物主要为河流相砂砾石层，具斜层理，成分有灰岩、砂岩、泥页岩等，棱角状，次磨圆状，具定向性排列；粒度以 1～5cm 为主，少量为 5～15cm；少量块石为灰岩、玄武岩。

取样点 D53 位于大兴主沟中部，河流相冲积物堆积。堆积物主要为河流相砂砾石，具斜层理，成分为灰岩、砂岩、泥页岩，棱角状、次磨圆状，粒度以 1～3cm 为主，少量 5～7cm；少量玄武岩块石可达 1～2m，砂砾石层较松散。

取样点 D54 位于大兴主沟后缘，河流相冲积物堆积。堆积物主要为河流相砂砾石堆积层，具斜层理，碎石成分为灰岩，其次为砂岩、页岩、玄武岩等，棱角-次磨圆状，少量磨圆，粒度以 1～10cm 为主，少量 30～100cm。

取样点 D55 位于大兴下游侧，河流相冲积物堆积。堆积物主要为河流相砂砾石层，具斜层理，碎屑成分为灰岩、砂页岩，棱角状-次磨圆状，粒度较均匀，一般为 0.5～3cm，少数为 2～5cm，较大者为玄武岩块石。

取样点 D56 位于大兴下游侧中部，河流相冲积物堆积。堆积物主要为河流相砂砾石堆积层，砂砾石成分为灰岩、砂岩、玄武岩等，棱角状-次磨圆状，少量磨圆，具斜层理，一般粒度以 0.5～5cm 为主，少数为 5～10cm，地表分布较多玄武岩巨型块石，粒径大于 5m。表面土壤层较薄，20～40cm，堆积物上面一层为胶结的砾岩硬壳，厚约 50cm。

大兴堆积物成分粒度分布曲线如图 2.7 所示，图例中编号后为取样点天然密度值。

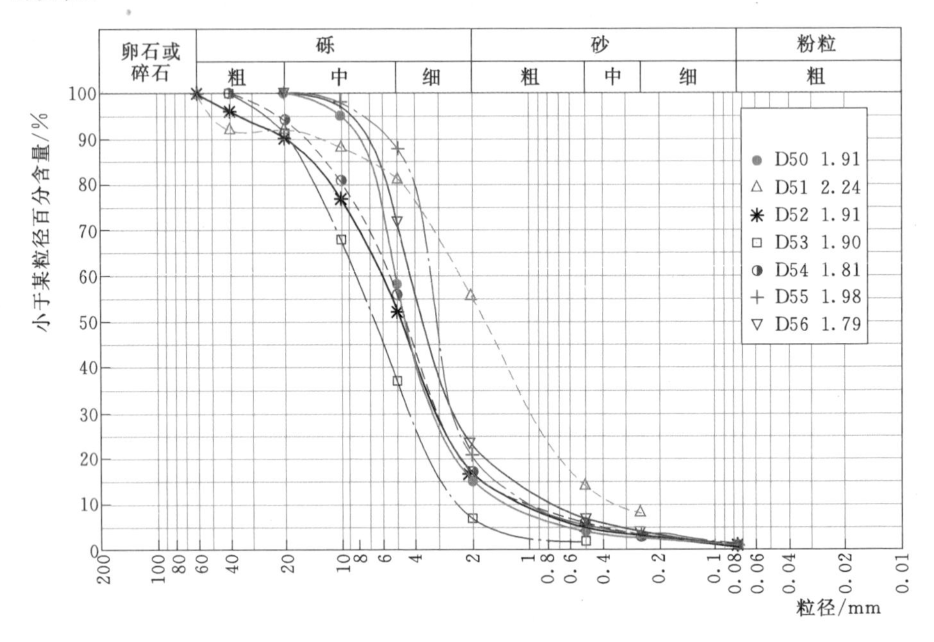

图 2.7　大兴堆积物粒度分布曲线

取样点共 204 处，基本覆盖了研究区内所有的塌岸区，通过现场原位密度测试和取样后的室内实验，为塌岸预测参数的获取提供了依据和参考。

此外，在典型区域，还进行了现场大型剪切试验，用于获取堆积体力学强度参数，现场大型剪切试验选取了二道岩、干海子、罗家田坝和大兴分别代表滑坡混杂崩坡积物、滑坡、崩坡积物、河流相砂砾石堆积层等不同成因的堆积体岸坡进行现场大型剪切试验，获得的抗剪强度指标用于岸坡的稳定性计算、工程地质类比以及水上和水下稳定坡角的计算等。

2.2.2　水库水动力作用

水动力因素是岸坡发生变形失稳的主要外力因素。溪洛渡电站水库为一狭长的河道型水库，水库正常蓄水位为 600m，水位变幅可达 60m，主库全长 199km，其中有西苏角河、溜筒河、牛栏江、西溪河等支库全长约 35km。其水动力作用主要包含以下几个方面。

（1）库水作用。根据库水作用影响的方式不同，分为以下两种作用方式：

1）水的浸泡作用。水库蓄水后，岩土体受到库水的软化及泥化作用，降低了岩土体强度；通过干缩、湿胀与崩解，破坏岩土体结构；孔隙水压力减小岩土体在破坏面上的有效正应力。在库水长期浸泡下，岸坡稳定性相应降低。

2）水位涨落作用。水库建成后，库水位消落时，岸坡饱和土体的侧向水压力迅速减小，岸坡内形成动水压力使岸坡土体变形而塌岸，水位消落越快，动水压力作用就越大，库水位急剧消落时最易发生崩滑，水位消落带内岸坡土体由于周期性干湿变化就容易产生风化破碎现象，致使岩土体坍塌。

（2）波浪作用。水库建成后，增加了波浪对库岸的侵袭高度，促使岸坡坍塌。波浪对岸坡反复冲刷、搬运和堆积，是影响塌岸宽度和速度的主要营力。

水库蓄水后，将形成较宽广的水面，由于风浪和行船等作用，将形成较大涌浪，侵蚀库岸。同时，波浪对库岸产生拍击和扰动作用，不利于库岸稳定。

（3）大气降水作用。雨季在冲沟内暴发洪水时，水流流量大，冲刷和搬运能力增强，侵蚀库岸边坡，并造成冲沟两侧岸坡的坍塌。

强降雨还可诱发滑坡、崩塌灾害。降雨入渗使得滑坡体及滑带土的抗剪强度降低，降雨渗入岩土体内形成的地下水产生的静水压力一方面降低了滑动面上的有效法向应力，另一方面增加了滑坡体的下滑力，使滑坡的稳定性恶化。

（4）地下水作用。地下水作用主要集中在死水位至正常蓄水位之间，地下水作用与库水浸泡作用相互结合，共同影响水库塌岸。

2.3 塌岸类型预测

塌岸受多种因素影响，是由水、土、风等多因素共同作用造成的。其中，岩土体本身的物理力学特性是塌岸的内在因素，水则是塌岸的主要外力因素。水流因素是造成塌岸的重要外在条件，主要反映在主流顶冲、弯道环流动力作用及高低水位的突变等。此外，地质因素、河床边界条件、风浪对岸坡的淘蚀及可液化土体均是产生塌岸的重要因素。由于河床组成、河岸边界条件的不同，各河段塌岸的具体原因可能不同，即在某一河段，水流因素是塌岸的主要原因，其他因素仅起次要作用；而对另一河段，岸坡物质组成或其他因素是造成塌岸的主要原因，水流因素仅起次要作用。

通过野外调查，确定溪洛渡库区 199km 主河道及 35km 支流范围内共有前缘高程低于蓄水位 600m、后缘高程大于 600m、在蓄水后可能会产生塌岸的岸坡段 94 处（图 2.8）。

由图 2.8 和图 2.9 可见塌岸区主要分布在：①近坝段；②黄华上下游附近；③大兴上下游附近；④对坪—么米沱段，其他库段分布相对较分散，西溪

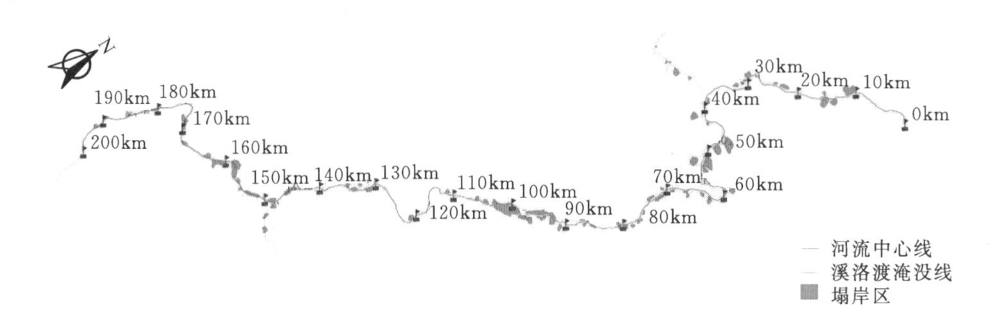

图 2.8　研究区潜在塌岸区的空间分布

河上游段、石盘寨—么米沱段、上田坝—卡坪子段塌岸区较少，可见其分布特征与大型堆积体分布特征基本一致。

塌岸区顺河（谷）累积总长度约 85.9km，其中沿主河道分布为 72.3km，分别占河道总长度 468km 的 18.4%和 15.4%。

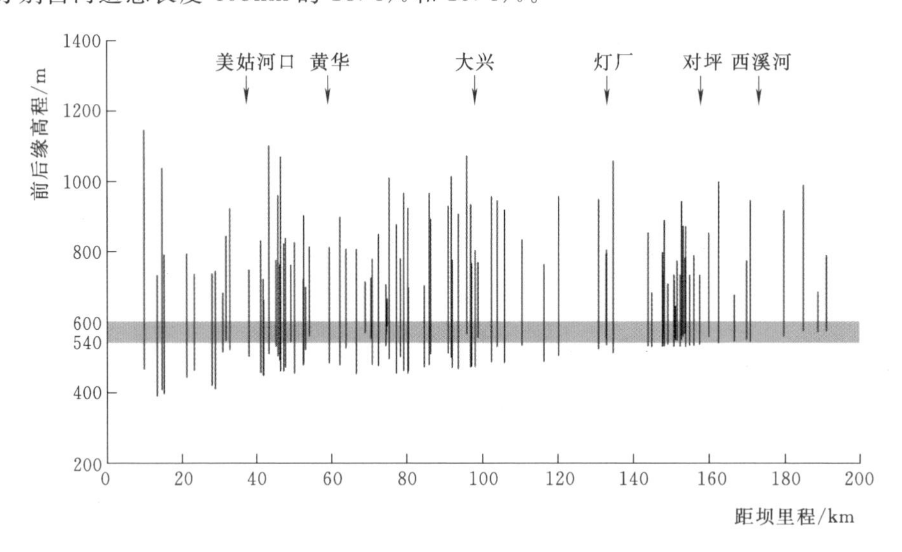

图 2.9　研究区可能发生塌岸岸坡段分布特征

通过分析野外调查资料，并结合其他水库库区塌岸特点，根据水库库岸变形失稳的机理可将塌岸类型划分为侵蚀型、坍塌型、滑移型和崩塌型。

(1) 侵蚀型。在库水、风浪冲刷、地表水及其他外部营力的作用下，岸坡物质逐渐被冲刷、磨蚀，然后被搬运带走从而使岸坡坡面缓慢后退的一种库岸再造形式，如图 2.10 所示。它是近似河岸再造、非淤积且稳定性较好的岸坡中存在的一种较普遍的岸坡变形改造方式。这种类型的塌岸模式一般发生在地形坡度较缓的土质岸坡及软岩岩质岸坡的残坡积层和强风化带中。

侵蚀型塌岸具有缓慢性、持久性的特点，但再造规模一般较小。

研究区内该类型塌岸分布较广泛，例如，黄果树坪子、滚水坝、米西洛、双龙等均属于该类塌岸，图 2.11 为黄果树坪子全景照片和剖面图。

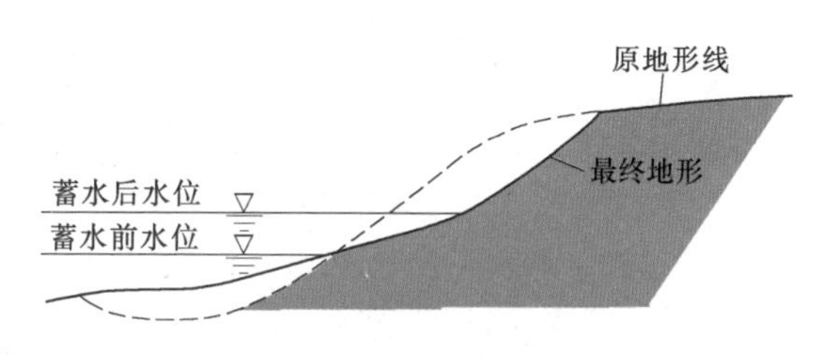

图 2.10 侵蚀型塌岸模式

黄果树坪子塌岸区位于金沙江左岸，距坝里程 104.2km，顺江长度 840m，为崩坡积物堆积。堆积物主要由碎石组成，碎石成分为灰岩、砂岩、泥页岩，棱角状，一般粒度为 1～15cm，顺坡面具有坡面流冲积形成的粒序层理特征。坡体中部高程 580m 附近可见有反倾砂岩基岩，坡面堆积物厚度不均。

（2）坍塌型。坍塌型塌岸主要发生在地形较陡的土质岸坡及基岩严重卸荷裂隙发育带。在库水长期作用下，基座被软化或淘蚀，岸坡上部物质失去支撑，从而造成局部下错或坍塌，之后被库水逐渐搬运带走。它的显著特点是垂直位移大于水平位移，与土体自重直接相关，这种类型具有突发性，特别容易发生在暴雨期和库水位急剧变化期，如图 2.12 所示。

形成这种塌岸的基本条件有：①组成岸坡的土体抗冲刷能力差；②水流直接作用于岸坡，且水流的冲刷强度高于岸坡土体的抗冲刷能力。

这类塌岸可分为冲刷浪坎型、坍塌后退型、塌陷型三种。冲刷浪坎型发育规模一般较小，在水流冲刷、浪蚀等作用下，塌岸先是在水位线附近小范围发育，随着水位及波浪的下移，水位线附近土体又会发生类似的破坏，这样形成的塌岸最终在剖面形态上表现为台阶状斜坡。坍塌后退型塌岸的明显特征是垂直位移大于水平位移，这种塌岸具有坍塌后退速度快、后退幅度大、突发性的特点。塌陷型塌岸是由于岸坡中下伏空洞或局部发生凹陷，土体在自重、地下水作用下，周围土体由四周向中心发生变形破坏的一种岸坡再造形式。溪洛渡库区该类塌岸分布少。

（3）滑移型。在库水作用、降雨及其他因素的影响下，岸坡岩土体沿某一软弱结构面向临空方向产生一定规模的整体滑移失稳，具有规模大、危害性强等特点。滑移型塌岸在土岩复合岸坡与岩质岸坡中均有发育。在土岩复合岸坡中，上部的堆积体厚度一般较薄，受水库蓄水的影响，堆积体沿着基岩与覆盖层界面发生整体性滑移。在岩质岸坡中，如果基岩中存在软弱夹层，水库蓄水后，软弱层在库水的浸泡下发生软化，抗剪强度降低，从而出现沿软弱层的整体滑动。

研究区内该类塌岸分布较多，典型的有牛滚凼、干海子、付家坪子等。以牛滚函塌岸区为例，该塌岸区位于四川省雷波县卡哈洛乡境内，金沙江左岸支

(a) 塌岸全景

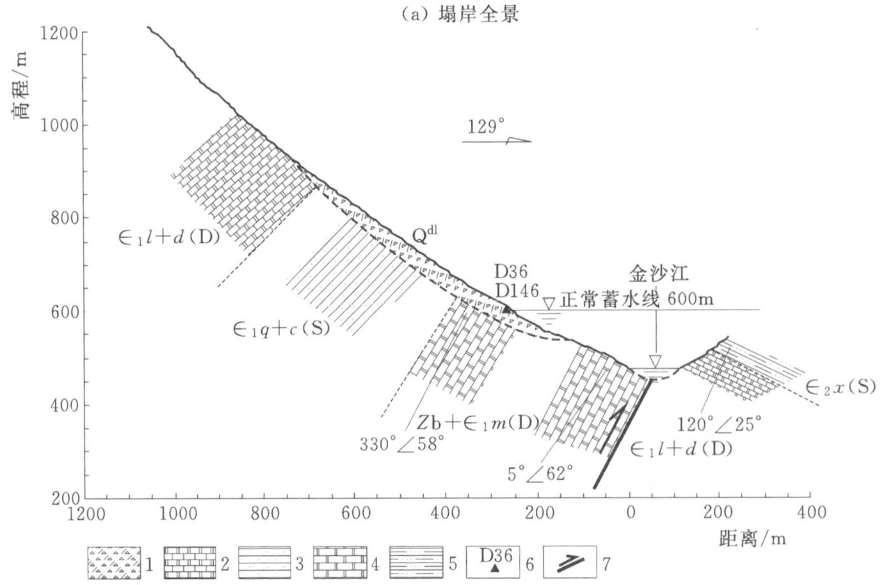

1—坡积堆积；2—寒武系下统白云质灰岩；3—寒武系下统粉砂岩；
4—震旦系—寒武系下统白云岩；5—西王庙组泥质粉砂岩；6—试验点及取样编号；7—断层

(b) 剖面图

图 2.11　黄果树坪子塌岸区

沟—卡哈洛沟右岸，距沟口 1.0km，距坝址 52.0km。前缘高程 510m，后缘高程为 900m，主滑方向为 330°，该塌岸区处于两山脊之间的低凹地带，为顺

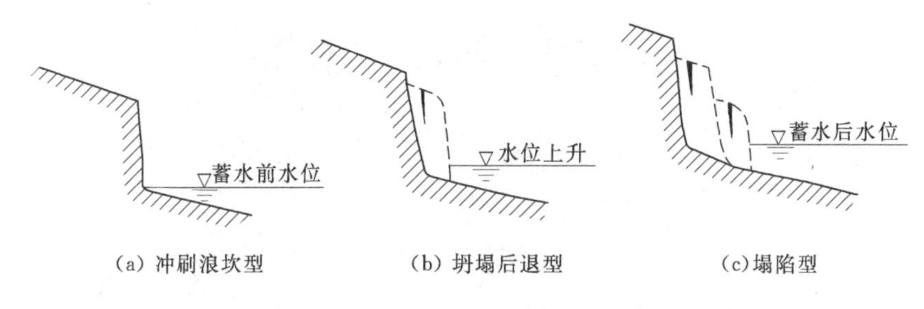

(a) 冲刷浪坎型　(b) 坍塌后退型　(c)塌陷型

图 2.12 坍塌型塌岸模式

层面滑移并在坡脚附近造成岩层溃屈，形成滑移-溃屈破坏，图 2.13 (a) 为牛滚凼滑坡的三维影像图的展示，图 2.13 (b) 为其典型剖面示意图。

滑移型也可以划分几个亚类：

1）滑坡复活型。蓄水前，稳定性差或者不稳定的滑坡体受水库蓄水的影响，发生整体或局部复活而产生的滑移变形，如图 2.14 (a) 所示。

2）深厚松散堆积层浅表部滑移型。原来处于稳定或基本稳定的各种成因的深厚层堆积体如崩滑堆积体、残坡积物、冲洪积物、人工堆积物等，受水库蓄水的影响，出现浅表部蠕滑变形或前缘局部滑移变形，如图 2.14 (b) 所示。

3）沿基-覆界面滑移型：在堆积体厚度较薄、基-覆界面埋深较浅的堆积体岸坡，受水库蓄水的影响，堆积体沿基-覆界面发生整体性滑移的岸坡破坏形式，如图 2.14 (c) 所示。

4）基岩顺层滑移型。在中等或中缓倾角的顺层基岩岸坡中，如果基岩中存在软弱夹层，水库蓄水后，软弱层在水的浸泡下发生软化，其抗剪强度降低，从而出现沿软弱层的整体滑动；在上陡下缓的顺层斜坡中，根据有效应力原理，水库蓄水后坡脚部位平缓的抗滑段受水体的浸泡，其抗剪强度降低，抗滑能力减小，从而导致坡体的整体滑移，如图 2.14 (d) 所示。

(4) 崩塌型。当库岸为陡倾的岩质岸坡，且岸坡岩体发育有不利于岩体稳定的节理裂隙时，坡体在库水、风浪冲刷、地表水和其他外部营力的作用下，节理裂隙面被软化后，岩体沿节理裂隙面发生的崩塌或崩落的现象。当库岸岩层内具有反倾的上硬下软结构时，在库水长期作用下，由于下部软岩（基座）被软化，在自重作用下，岸坡底部产生压缩变形，并在上部形成拉裂变形，导致上部岩体失稳而产生塌岸。

研究区内该类型塌岸较少。该类塌岸一般发生在具有上硬下软地层结构的陡峭基岩岸坡中，下部软弱岩层受上覆岩体重力挤压而发生压缩变形，该类压缩变形由于临空方向所受侧向限制相对较小而变形量相对较大，从而导致上部岩体顺陡倾结构面拉开而向临空方向产生变形。石盘寨变形体即为顺陡倾结构

(a) 三维影像图

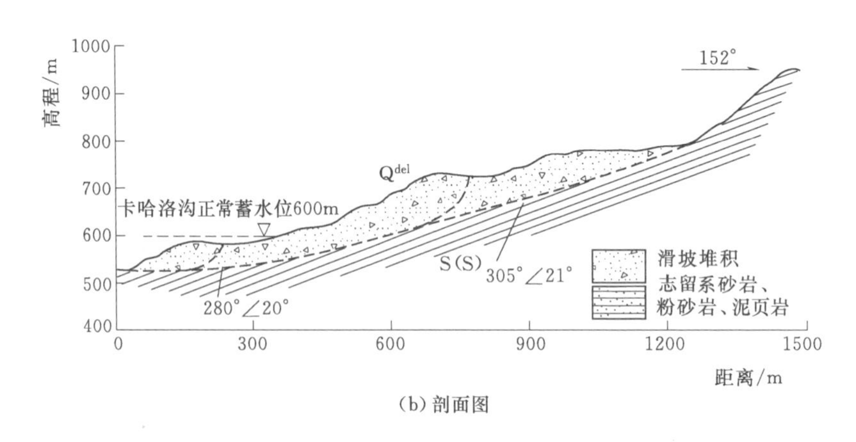

(b) 剖面图

图 2.13 牛滚凼塌岸区

面拉裂变形的典型实例，崩塌型塌岸的发生机理与之类似。该变形体位于金沙江右岸云南永善县大兴乡石盘寨村，距坝址 109.1km，其平面上呈长条状。变形体顺江展布，顺江长 460m，高约 160m，变形体顶面高程为 710～720m，高出江水面 220m，顶面总体倾坡内偏上游，倾角 5°～10°；前部临江为陡崖，上下游均为深切冲沟，后部为 48°斜坡及陡坎。变形体发育于寒武系上统二道水组（$\in_3 e$）地层之中，岩性以薄层-中厚层状白云岩为主，中间夹白云质灰

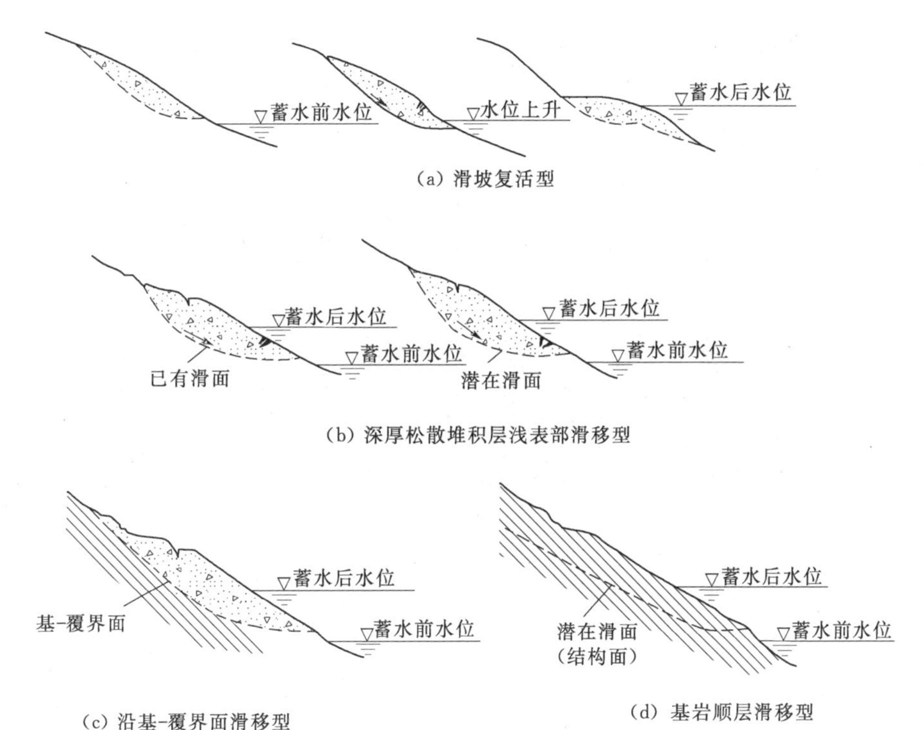

图 2.14 滑移型塌岸模式

岩及石英粉砂岩，变形体底部为$\in_3x$的紫红色砂泥岩，岩层产状 130°∠13°，构成缓倾薄-互层状反向岸坡。岩体中发育三组裂隙：①走向 12°，近于直立，斜交岸坡发育，分布于石盘寨村庄附近，即变形体中前部，沿其形成的拉裂缝宽达 40cm；②310°～330°∠70°～80°，平行岸坡，沿此裂隙形成三条延伸长、切割深的裂隙密集带，分别位于变形体前部、中部和后部，裂隙一般张开10～30cm，局部可达 100cm，垂直岩层面或追踪岩层面，呈错列式延伸，从平台顶部向下断续贯通，深达100～150m，特别是在中后部石盘寨村后形成宽 8～10m 的条形凹地；以后部裂缝为界，可以看出变形体内岩层倾角明显变缓，变形体外正常地层倾角 13°，变形体内岩层倾角 8～13°；③走向 300°～320°，垂直岸坡，宽度 10～30cm，沿此裂隙形成变形体两侧冲沟。上述三组裂隙的相互切割，致使石盘寨变形体临江陡壁局部形成危岩，图 2.15（a）为三维影像图，图 2.15（b）为剖面图。

崩塌型也分为以下亚类：

1）块状崩塌（落）型。当岩质岸坡中发育有不利于岩体稳定的节理裂隙时，在库水、风浪冲刷、地表水和其他外部营力的作用下，节理裂隙被软化后，岩体沿着节理裂隙面发生的崩塌或崩落现象，如图 2.16（a）所示。

(a) 三维影像图

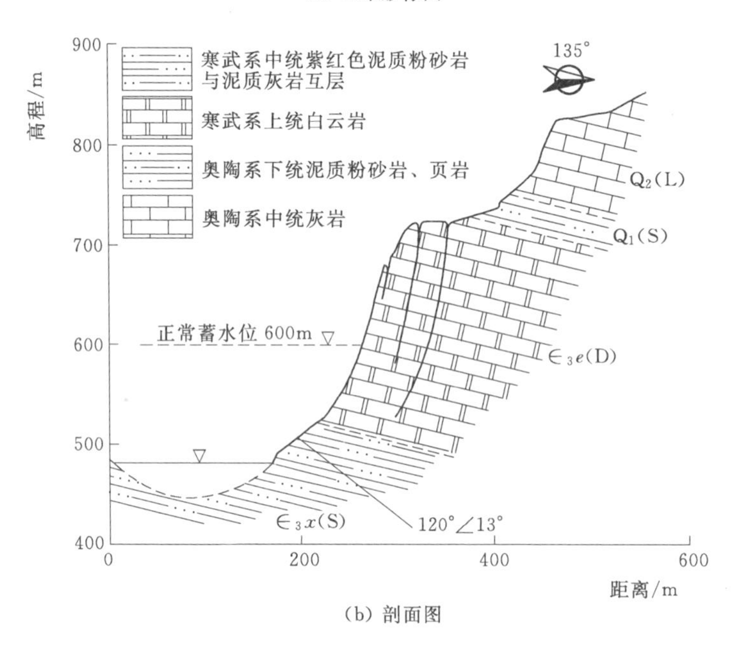

(b) 剖面图

图 2.15　石盘寨变形体

2）软弱基座型。岩层倾向坡内的上硬下软结构型岸坡，在库水长期作用下，由于下部软岩（基座）被软化，在自重作用下，岸坡产生压缩或压致拉裂变形，导致上部岩体失稳而产生塌岸，如图 2.16（b）所示。

3）凹岩腔型。在近水平的砂、泥岩互层的结构岸坡中，由于易风化和遇水易崩解的泥岩受库水位的浪蚀和岩体本身容易风化，在泥岩层中容易产生深度可达 1～2m 的凹岩腔，致使上部砂岩相对外凸，成为悬壁梁结构，而坚硬的砂岩体中通常发育有近直立的裂隙，上部砂岩受重力作用沿着近直立的裂隙产生拉裂破坏，从而导致局部塌岸，如图 2.16（c）所示。

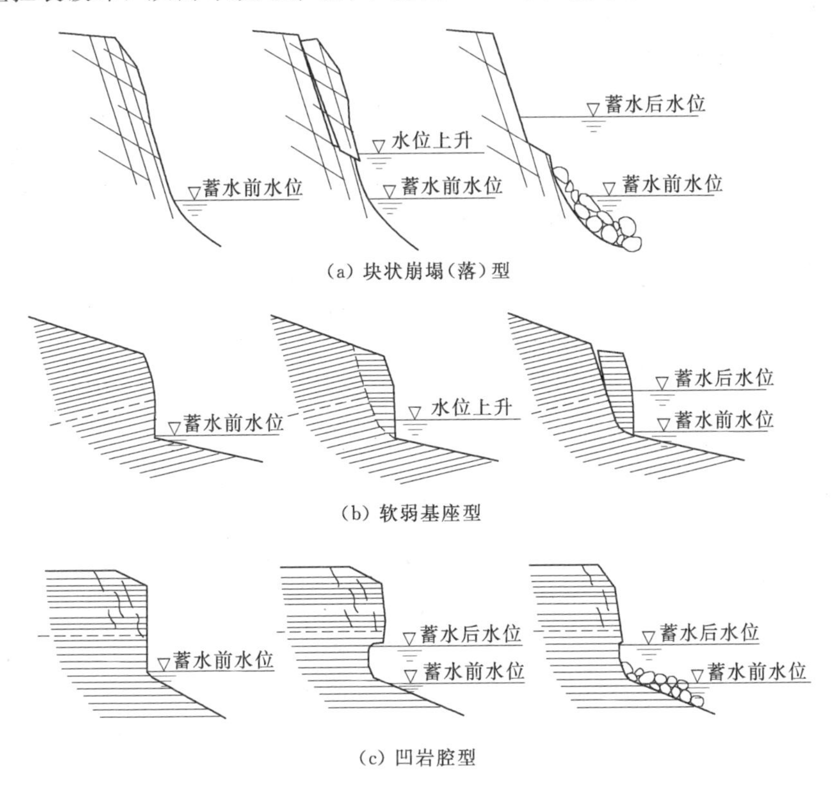

图 2.16　崩塌型塌岸模式

根据调查结果统计，在各类堆积体岸坡中，滑坡堆积体岸坡塌岸频数最高，占 45.7%；崩坡积物岸坡的塌岸频数为 29.3%；冲洪积层岸坡塌岸频数为 21.7%，如图 2.17 所示。

综上所述，溪洛渡库区内以侵蚀性塌岸和滑移型塌岸为主，本书主要针对此两种类型的塌岸分别进行了塌岸范围预测与稳定性评价等方面的研究。根据堆积体成因不同，塌岸预测采用不同的预测分析方法。对稳定和基本稳定的堆积体（包括滑坡和其他成因类型的堆积体）岸坡，按照一般堆积体的塌岸预测方法进行预测；对不稳定岸坡及稳定性差的岸坡（整体不稳定或部分不稳定的岸坡，主要为滑坡）则根据滑坡稳定性计算与预测评价结果，确定塌岸（变形与破坏）的边界与范围。

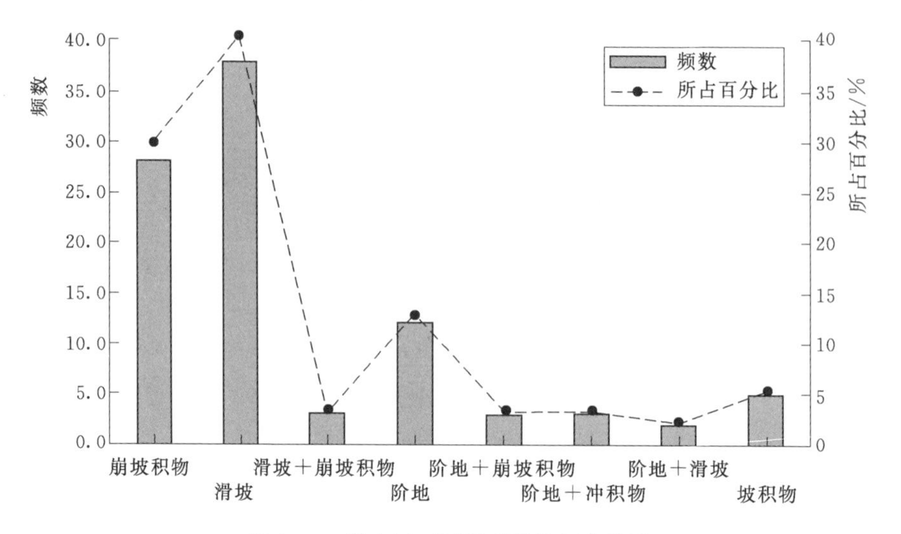

图 2.17　研究区不同类型塌岸频数统计

第3章　基于GIS的侵蚀型塌岸预测研究

3.1　侵蚀型塌岸预测方法

3.1.1　传统预测方法及其适用条件

（1）类比图解法。利用现阶段不同岩土体水下稳定坡角、水位变幅带坡角和水上稳定坡角，与将来水库蓄水后不同库水条件下的库岸岸坡类比，从而进行塌岸预测。

由于现阶段天然河道的平均枯水位、江水涨幅带、平均洪水位分别与水库运行期低水位、调节水位（即水位变动带）、最高设计水位存在可类比性，因此可以通过地质调查，并统计现今天然河道的平均枯水位以下、江水涨幅带以及平均洪水位以下三带内不同岩土体的稳定坡角，以此作为该岩土体在不同库水位条件下的稳定坡角，进而类比图解水库蓄水运行时的库岸再造范围（许强，2009）。

图解获取参数时，岩土体在不同库水位条件下稳定坡角的取值应切合实际、具有代表性。根据现场调查统计不同岩土体在天然河道的平均枯水位以下、江水涨幅带以及平均洪水位以上三带内岩土体的稳定坡角。

采用调查统计的数据，按式（3.1）计算各类岩土体在不同库水条件下的稳定坡角：

$$\alpha=\sum\alpha_i L_i/\sum L_i \tag{3.1}$$

式中：α 为一个统计范围内该岩土体的稳定坡角；α_i 为单个统计点该岩土体的坡角；L_i 为单个统计顺坡向之间的平面距离。

由于枯水位以下岩土体稳态坡角无法量取，可将江水涨幅带稳态坡角采用折减的方式得到；然后根据各岩土体自然岸坡坡度统计值与前述类比的原则，得出岸坡岩土体在枯水位状态下的稳定坡角建议值；最后采用图解法求得塌岸范围。

（2）计算图解法。计算图解法的实质是根据水库现今的库岸岸坡剖面，计算并绘制待预测库岸的塌岸剖面。目前，主要的计算图解预测方法包括卡丘金法、卓罗塔廖夫法以及平衡剖面法等。

（3）动力法。动力法的预测依据是塌岸量与波能和岩石抗冲刷强度之间的关系方程：

$$Q=Ek_pt^b \tag{3.2}$$

式中：Q为库岸在单位宽度内被冲刷的岩土体的体积，m^3/m；E为波浪作用于单位宽度库岸的动能，t·m；k_p为岩土体的抗冲刷系数，m^3/t；t为水库运营年限；b为经验系数，取决于滨岸浅滩中堆积部分宽度，变幅为0.45～0.95。

该法有一定的物理依据，但关系方程的建立也需要一定量的观测样本。在海洋工程科学领域，借助于造波机已经通过室内试验及某些海岸工程的实地观测，建立了相应的动力学预测方程，可供海岸工程加固设计使用（许强，2009）。

（4）两段法。王跃敏等经过近十年数十处水库塌岸的调查研究，提出用“两段法”来指导外福（外洋—福州）铁路线的塌岸预测设计。该方法已在外福铁路线水库塌岸预测中得到成功的应用，其适用条件是：我国南方山区的峡谷型水库，库面较窄，风浪作用较小，岸坡地层为黏性土、砂性土、碎石类土及岩石的全风化地层，有较完整的水文气象资料等（王跃敏等，2000）。

（5）岸坡结构法。许强等在对三峡库区数百段典型库岸的塌岸地质现场调查和预测分析的基础上，通过类比水库塌岸模式、预测参数以及实际塌岸范围调查分析，提出了岸坡结构法。

岸坡结构法根据山区河道型水库岸坡结构类型复杂的特点，针对预测库岸段不同的岸坡结构类型和塌岸模式，依据岸坡中不同岩土体的水下堆积坡角、冲磨蚀角、水上稳定坡角和该段库岸的设计低水位、设计高水位，采用不同的预测模型进行该段库岸塌岸范围预测，该方法属于一种类比图解法。

3.1.2　GIS支持下的“两段法”塌岸预测方法

目前，传统进行塌岸预测的方法以图解法为主，即延续了苏联科学家的研究思路和理论，主要对塌岸的范围进行预测，但很大程度上，塌岸的图解预测只是一种定性的方法，且预测结果为塌岸的最终状态，因此，需要在研究方法和思路上做一些改变，即在定性分析的基础上，吸取西方科学家如Simon等人的研究成果，引入定量分析的方法，并将目前滑坡研究的成果应用于塌岸的研究。研究区内以侵蚀性塌岸和滑移型塌岸为主，对于滑坡堆积体而言，主要产生滑移型塌岸，若滑坡在蓄水运行期间可能整体失稳下滑（即不稳定），则此滑移型塌岸的预测纵向长度应以可能产生滑坡的后缘为界，而横向宽度根据左右边界确定。若滑坡在蓄水运行期间可能部分失稳下滑（即稳定性差），则滑移型塌岸的纵向及横向宽度预测根据现场实际判断结合计算搜索结果确定，因此对滑坡堆积体而言，确定其可能产生塌岸的空间范围，则转化为一个岸坡

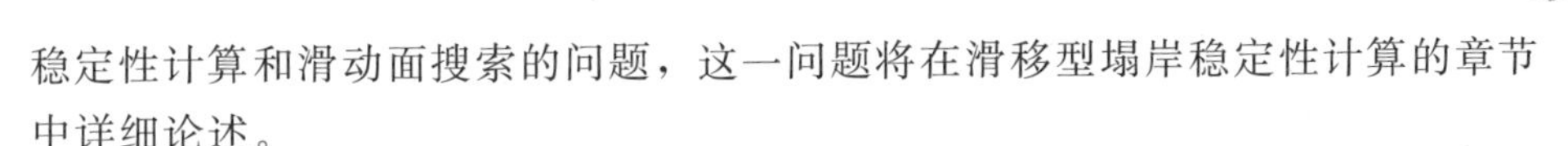

稳定性计算和滑动面搜索的问题，这一问题将在滑移型塌岸稳定性计算的章节中详细论述。

对侵蚀型塌岸而言，本章采用适用于山区河道型水库的“两段法”进行范围预测，即在传统方法以及前人研究的基础上，以高分辨率 DEM 数据为基础，在二维“两段法”进行塌岸宽度预测的基础上进行拓展，实现了塌岸的范围预测、体积预测和形态预测，并且基于 GIS 组件开发实现了三维塌岸预测过程的可视化、参数化和自动化。

3.2 侵蚀型塌岸预测参数获取

松散堆积物水下稳定坡角和水上稳定坡角是进行塌岸预测的重要参数。获取岸坡稳定坡角的方法可分为实测和图解两类，在图解法中，本章采用了两种方法来实现，并进行对比和综合：一是在岸坡实际剖面线的基础上，沿岸坡剖面线变化趋势，采用图解方法，绘制趋势线，得到水下及水上稳定坡角；二是通过高分辨 DEM 和航空影像，通过剖分洪水位线与枯水位线所围成的多边形区域，自动化批量获取水下稳定坡角，水上稳定坡角则通过获取洪水位线以上部分的区域进行剖分计算得到。

3.2.1 现场调查和室内实验的方法

确定水下稳定岸坡角 α 的传统方法有以下两种：

（1）工程地质调查法，根据调查结果与前期资料，得出不同岸坡区水下稳定坡角。溪洛渡蓄水前洪枯水位变幅达 10～26m，为获取水下及天然岸坡稳定坡角提供了条件。现场实测水下坡角集中在冬季河流枯水期进行，对每一个塌岸区，在多个不同位置采用激光测距仪进行量测，每个观测点至少测量三次，取其平均值。

（2）综合计算法，是在工程地质调查法的基础上总结出来的：

1）对于砂性土及碎石类土，取 $\alpha=\varphi$（内摩擦角）。

2）对于黏性土，采用增大内摩擦角的方法考虑黏聚力 c 的影响，使 $\alpha=\varphi_s$，其中 φ_s 为综合内摩擦角，综合内摩擦角用剪切力公式计算，即：

$$\alpha=\varphi_s=\arctan\left(\tan\varphi+\frac{c}{\gamma_s H}\right) \tag{3.3}$$

式中：γ_s 为水下岸坡物质的饱和容重；H 为水下岸坡起点至岸坡终点的高度。

c、φ、γ_s 通过试验获得，变量只有 H，但对于某一具体岸坡，H 是定量，因此 φ_s 就可以确定。

水上稳定岸坡角指塌岸后库岸在雨水冲刷、大气湿热、冻融破坏、地下水侵蚀等自然营力作用下，达到最终自然稳定的岸坡角。由于库岸破坏达到新的平衡需要经历较长的时间，目前所实测的库区水上岸坡角为斜坡自然演化过程中的某一极限稳定坡角，尚未达到最终稳定，其数值一般大于自然稳定坡角。确定水上稳定坡角也可以使用综合计算法，其中 c、φ 选用天然快剪试验数值，γ 选用天然容重，H 为水上稳定岸坡线所对应的原岸坡高度，表3.1为依据现场剪切试验计算得到的水上稳定坡角与实测或图解法的比较。

表3.1　现场剪切试验结果与水上稳定坡角取值对比

位置	天然状态		饱和状态		高度 H /m	综合计算法 /(°)	实测或图解 /(°)
	黏聚力 /kPa	内摩擦角 /(°)	黏聚力 /kPa	内摩擦角 /(°)			
二道岩	4.5	40	3.8	33	206	40	40
干海子	30.1	37	—	—	205	39	36
罗家田坝	52.0	38	39.7	33	129	44	40
大兴	—	—	1.2	38	121	—	34

由于现场剪切试验试样一般先行固结，因此所获内摩擦角略大，从表3.1中结果对比来看，水上稳定坡角实测或图解取值与综合计算结果基本吻合，表明实测和图解取值是基本可行的。

3.2.2 基于DEM和DOM获取预测参数

除现场直接测量水下稳定坡角和水上天然岸坡稳定坡角之外，还可根据研究区DEM绘制剖面线的方式来获取岸坡稳定坡角。该方法是在每个塌岸区，垂直于河谷方向截取多条剖面线，利用这些剖面线，分别拟合其洪水位之下和洪水位之上的岸坡坡角，图解得到水下和水上岸坡稳定坡角，针对单一岸坡，采用这一方法可得到较好的效果。

本节基于研究区高分辨DEM和航空影像，采用GIS二次开发的方法，以自动化方式获得岸坡坡角，为批量获取水下及水上稳定坡角提供了新的思路和方法。

3.2.2.1 DEM和DOM数据预处理

水电站建设中，通过航空摄影获得了库区高分辨DEM和DOM，所获得的DEM为通过影像立体像对提取的CNSDTF格式的数据，CNSDTF格式数据是我国于1999年8月2日发布的《地球空间数据交换格式》（GB/T 17798—1999），分辨率为2.5m，采用ASCII文本格式存储，共包括5020个文件，每个文件中数据的行数和列数均为418，总数据量达到6.36G。由于CNSDTF格式的DEM不能直接应用于ArcGIS软件平台进行空间分析，因此需要进行处理才可在实际中应用。DOM数据同样以多文件分块存储的方式提供，因此，需要将数据进行镶嵌融合，才能够进一步应用。

DEM数据处理的目的是将CNSDTF格式的DEM数据转化为USGS格式的DEM数据，并进行数据融合，最终能够在ArcGIS软件平台下显示，以方便后续的数据处理和空间分析。一些文献就该格式转换为ArcGIS软件平台下USGS-DEM格式或Grid格式等做了较详细的论述（王艳东，2000；李山山，2008；张辉，2008），这些方法多针对小范围单一DEM数据，数据量小，便于操作和修改。但是，面对大数据量且以多文件模式存储的DEM数据，传统的方法已不能胜任，本节采用C#程序设计语言结合ArcGIS软件平台下内嵌的VBA宏代码，实现了数据的批量转换和导入，并将分块的DEM数据进行合并，使之更易于在ArcGIS软件平台上进行操作和分析。

CNSDTF格式的DEM数据采用纯文本的存储方式，主要包括文件头部分和数据实体部分，文件头部分包含12行信息，分别定义了数据的版本、坐标单位、方向角、压缩方法、左上角点坐标值、行列号、X方向间距、Y方向间距以及高程放大倍率等信息，具体说明见表3.2。

USGS格式的DEM数据采用纯文本的存储方式，主要包括文件头信息和数据实体信息，其中文件头中主要包含行列数、左下角点坐标、数据分辨率等信息，具体文件头信息见表3.3。

表3.2　　CNSDTF-DEM文件头信息

文件头信息	说　明
DataMark	中国地球空间数据交换格式-格网数据交换格式（CNSDTF-RAS或CNSDTF-DEM）的标志。基本部分，不可缺省
Version	该空间数据交换格式的版本号，如1.0。基本部分，不可缺省
Unit	坐标单位，K表示千米，M表示米，D表示以度为单位的经纬度，S表示以度分秒表示的经纬度（此时坐标格式为DDDMMSS.SSSS，DDD为度，MM为分，SS.SSSS为秒）。基本部分，不可缺省
Alpha	方向角。基本部分，不可缺省
Compress	压缩方法。0表示不压缩，1表示游程编码。基本部分，不可缺省
Xo	左上角原点X坐标。基本部分，不可缺省
Yo	左上角原点Y坐标。基本部分，不可缺省
DX	X方向的间距。基本部分，不可缺省
DY	Y方向的间距。基本部分，不可缺省
Row	行数。基本部分，不可缺省
Col	列数。基本部分，不可缺省
HZoom	高程放大倍率。基本部分，不可缺省。设置高程的放大倍率，使高程数据可以整数存储，如高程精度精确到厘米，高程的放大倍率为100

表 3.3 **USGS - DEM 文件头信息**

文件头信息	说明
ncols	列数
nrows	行数
xllcorner	左下角的 X 值
yllcorner	左下角的 Y 值
Cellsize	数据分辨率（栅格单元的宽高）
NODATA _ value	无值数据标志

（1）通过对 CNSDTF - DEM 和 USGS - DEM 两种格式 DEM 数据结构的分析（如图 3.1 所示，蓝色背景部分为文件头部分），两者之间存在的差异体现在以下两个方面：

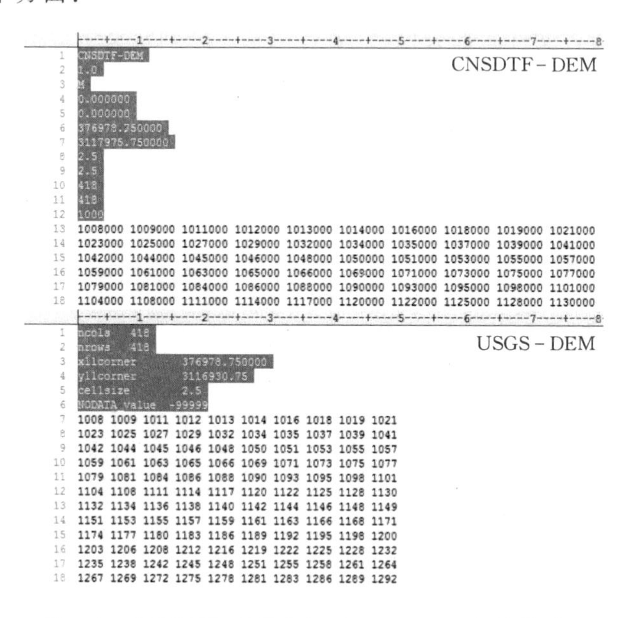

图 3.1 CNSDTF - DEM 和 USGS - DEM 文件的对比

1）文件头部分。数据行数、列数、数据分辨率均相同，所不同的是在 CNSDTF - DEM 文件中，（Xo，Yo）为数据左上角点坐标，而 USGS - DEM 为左下角点坐标，因此在构造头文件时需对 Yo 坐标在 Y 轴方向进行平移使之转化为左下角点坐标。在 CNSDTF - DEM 中不存在“无值数据标志”一项，但在数据实体部分，无值数据也是用“- 99999”代替的，因此在构造头文件时，增加一行“NODATA _ value - 99999”的字符串信息即可。

2）数据实体部分。两者在该部分的异同主要体现在“高程放大倍率”一项上，构造 USGS－DEM 数据实体部分时，需要将每一个高程数据除以“高程放大倍率”做相应的修改后得到新的数据实体部分。

因此，只要通过构造文件头信息，并将数据实体部分的数据做相应的修改即可得到 USGS－DEM 格式的数据。

（2）完成数据格式转换并且在 ArcGIS 软件平台上显示，需经历两个步骤，具体数据转换流程如图 3.2 所示。

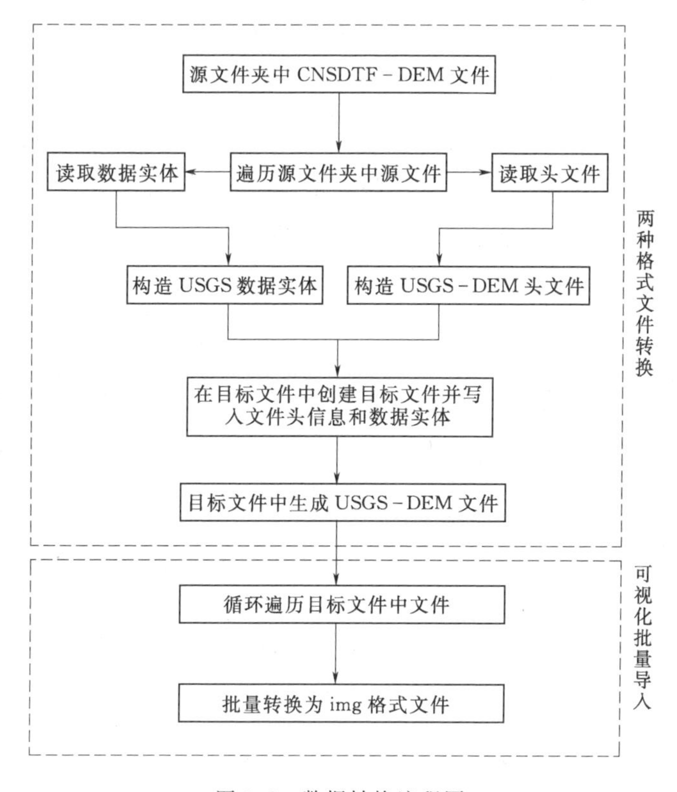

图 3.2　数据转换流程图

1）文件的批量读取与重建。CNSDTF 格式的 DEM 数据被分块存储在 5020 个文本中，这些文件需要通过对存储这些文件的源文件夹进行循环遍历，获取每一个文件，并读取每一个文件中信息，然后建立新的文件并存储在目标文件夹中。将源文件夹中每一个文件内容读取的同时，按照 USGS－DEM 数据格式要求，创建新的文件，将 USGS－DEM 文件头信息和数据实体部分内容写入该文件中，最终得到与源文件中文件一一对应的修改后的 USGS－DEM 格式的文件。

2）ArcGIS 中 ASCII 格式转化成 img 格式。USGS－DEM 格式的 DEM 数据在 ArcGIS 软件平台上应用时，同样需要一个转换的过程。对于单个 DEM

文件而言，通过 ArcToolbox 工具箱中的“ASCII to Raster”模块，即可将ARCII 文本格式的 DEM 文件转换为 Grid 格式并导入 ArcGIS 软件平台下进行操作和显示。但对于 5020 个 DEM 文件而言，将文件逐个导入将是一件十分耗时费力的工作，因此，基于 ArcGIS 软件平台，运用其内嵌的 VBA 宏语言开发了一段将 USGS - DEM 格式文件批量转换为 img 格式的代码。img 格式是一种常用的遥感图像格式，在遥感图像处理软件中应用较多，同样在 ArcGIS 软件平台下该格式数据也可直接进行读取和显示。因此，通过将 CNSDTF - DEM 向 USGS - DEM 批量转化，再由 USGS - DEM 批量转化为 img 格式数据，即可实现在 ArcGIS 软件平台上的可视化显示。

通过对 CNSDTF - DEM 和 USGS - DEM 两种数据格式的分析和对比，采用 C＃编码的方式实现了 5020 个文件共 6.36G 数据的批量转换，并通过 ArcGIS 软件平台内嵌的 VBA 宏将 USGS - DEM 格式的数据批量转换为 img 格式，实现数据的批量化导入与可视化展示。5020 幅 img 格式的栅格 DEM 数据通过 ArcGIS 软件平台下“Mosaic”工具镶嵌融合，生成包含金沙江下游区域高分辨率 DEM 数据，如图 3.3（a）所示。

对于 DOM 数据的处理，则在 Erdas 软件平台下通过“Mosaic”工具，将多文件的 DOM 数据进行镶嵌融合，得到图 3.3（b）所示的溪洛渡库区高分辨航空影像的效果。

3.2.2.2 预测参数的自动提取

通过 DEM 与 DOM 数据的结合，可以提取许多研究中所需要的单元和参数（Hayakawa 和 Oguchi，2006、2009），特别是采用程序实现的自动化方法，会减少工作量，增加效率（Giles 和 Franklin，1998；Drăguț 和 Blaschke，2006；Islam 等，2008）。由于获取的 DEM 数据的空间分辨率为 2.5m×2.5m，因此地形在较小范围内的微弱变化能够很好地体现出来；航空影像的空间分辨率为 0.5m×0.5m，不同地貌类型之间的边界十分明显，这就为塌岸预测中应用高分辨率 DEM 和 DOM 数据进行数据挖掘和空间分析提供了保证。

目前，塌岸预测方法以图解法和计算法应用最为广泛，特别是图解法求解过程中，水下稳定坡角和水上稳定坡角的获取是十分关键的因素。岸坡处于水下时，水下稳定坡角难以准确获得，只能选择在枯水期时，测量洪水位线和枯水位线之间所围成的岸坡的坡角；针对单个岸坡而言，水上稳定坡角相对易于获取，但研究区大面积水库回水区内坡角的获取，不但工作量巨大，且水库回水区多处于山区峡谷地带，野外实测方法可能无法顺利进行。

本节提出基于高分辨率 DEM 和影像自动提取水下稳定坡角的方法，以弥补以上不足，即根据河流枯水期高分辨率航空影像数据，以影像解译的方式得

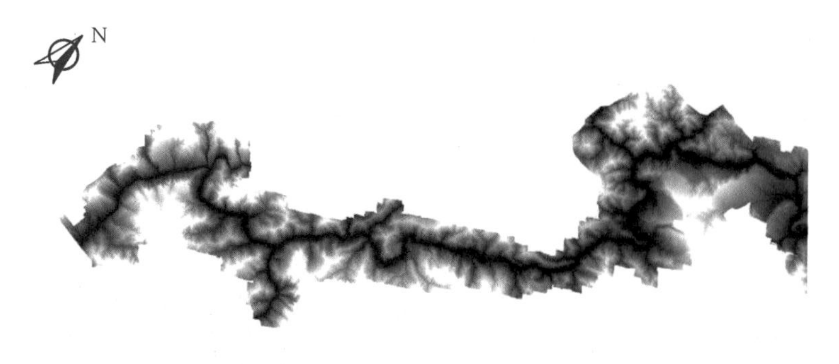

(a) 金沙江下游区域高分辨率 DEM 覆盖范围

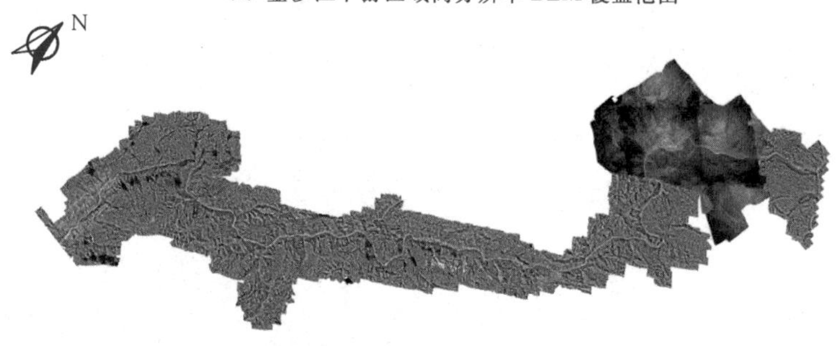

(b) 溪洛渡库区高分辨率航空影像覆盖范围

图 3.3 研究区数据

到枯水位线、洪水位线以及由枯水位线和洪水位线构成的岸坡的范围，结合高分辨率 DEM，采用地理信息系统组件开发方式编制程序，实现了大范围内水下稳定坡角的自动提取。同时，该方法可作进一步拓展，即将洪水位线以上部分作为处理对象，进行水上稳定坡角的批量自动化获取。

（1）预测参数自动提取实现原理。针对单一岸坡而言，传统获取水下稳定坡角的方法是：通过对一岸坡的野外测量，得到多组实测数据，进行统计分析得到稳定坡角，测量的对象是枯水期枯水位线与洪水位线所围成的河漫滩区域岸坡的坡角，同时记录该区域内的岩土体类别，但针对一个较小的区域而言，岩土体类型一般较单一，记录的目的是为了方便不同区域内进行工程地质类比。基于高分辨率 DEM 和 DOM 自动提取水下稳定坡角的方法，可批量获得大区域内的多个剖面的坡角值，为统计分析提供了足够多的样本数据。实现本节提出的方法需满足两个前提条件：①河流枯水期影像的分辨率足够高，可准确解译得到河漫滩多边形的边界；②DEM 数据的分辨率足够高，能精确反映地形在小尺度范围内的微弱变化。其实现原理主要包含以下三个方面：

1）基于高分辨率航空影像解译出河漫滩多边形以及组成河漫滩多边形的

洪水位线与枯水位线。河漫滩是指位于河流主槽旁侧、在洪水时被淹没而在枯水时露出的滩地。在几何意义上，河漫滩是由洪水位线和枯水位线所围成的多边形，因此，洪水位线与枯水位线构成了河漫滩多边形的边界。

2）基于洪水位线与枯水位线，绘制参考线，即夹在枯水位线和洪水位线中间依照洪水位线与枯水位线趋势而绘制的一条中心线，该参考线在自动提取程序中作为运算的参考，故称之为参考线，如图 3.4 所示。

图 3.4　河漫滩部分的影像以及由此解译出的洪水位线与枯水位线

3）按 30m 间距在参考线上采集点数据，得到参考线上的参考点集合，由该点集合中每一个点做垂直于参考线的直线分别与枯水位线和洪水位线相交，得到两个交点；再基于高分辨率 DEM，获得这两个交点处的高程，通过两点间高差与水平距离的比值，最终通过反正切函数得到一个稳定坡角值；依此类推，在整个河漫滩多边形区域，每间隔 30m 便可得到一个稳定坡角值。图 3.5 为数据处理与稳定坡角自动提取程序的整个流程。

在上述 1）和 2）中，河漫滩多边形、洪水位线和枯水位线的获取主要是通过目视解译的方法得到。就遥感解译理论而言，通过监督分类的方法，基于 ERDAS Image、ENVI 等遥感处理软件，可以自动获取河漫滩多边形等信息。但由于影像噪声较大，同时解译的结果以栅格的形式展现，最终由栅格转化为矢量的结果不甚理想，因此基于 2.5m×2.5m 的高分辨率航空影像，采用目视解译的方法，获得了较好的矢量线和矢量面。

（2）预测参数自动提取实现过程。进行水下稳定坡角的自动提取时，需要对河漫滩多边形进行分割，分割后的“小多边形”代表了某一较小区域的岸坡，该岸坡的坡角值即所谓的水下稳定坡角值。在进行河漫滩多边形分割时，采取一种近似的方法，即采用基于参考线的剖面线分割策略，将构成某段岸坡多边形的位于上游的剖面线段所处的坡度值作为该小段库岸的稳定坡角值，通过这一处理，就可以将整个河流岸坡段按某一给定距离进行划分，并得到多个分割后的库岸段，每个库岸段对应一个剖面线，计算该剖面线位置处的坡度即可得到沿河流方向一系列稳定坡角值。为实现水下稳定坡角的提取，程序实现过程可分为以下三个步骤：

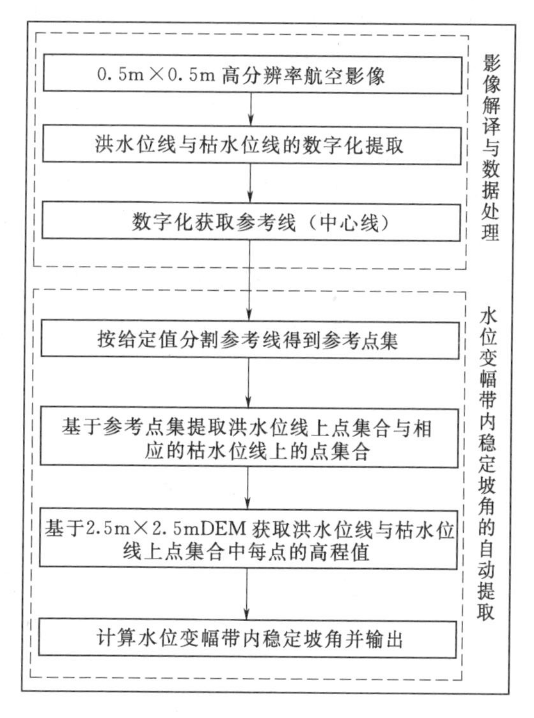

图 3.5 数据处理与自动提取程序流程

1）基于参考线按指定间隔提取参考点集合。在参考线上等间隔取点的目的有两个：一是为河漫滩剖面线的绘制做准备工作；二是为了将河漫滩多边形分割为更小单元的岸坡多边形做准备工作。当然，这两个目的是相互关联的，采用沿参考线一定间隔做河漫滩多边形的剖面线，相当于基于剖面线对河漫滩多边形进行一次扫描，这些剖面线与洪水位线和枯水位线相互切割围成一系列小多边形，最终也得到分割后的多个“小多边形”的结果。

在参考线上等间隔取点时，间隔距离的确定是一个关键的问题，距离取得太大，用一个稳定坡角值取代该岸坡多边形的坡角值会产生较大的误差；距离太小，会造成程序计算量的急剧增大以及异常数据的产生。本书采用 30m 的距离间隔在参考线上取点，最终得到包含 5601 个点的参考点集合。图 3.6（a）为在参考线上等间隔取点的示意图。

2）由参考点集获取相应的洪水位线与枯水位线上的点集合。洪水位线上点集合与相应的枯水位线上点集合是进行水下稳定坡角计算的关键，因此，其获取需要满足以下原则：首先，洪水位线上的点与枯水位线上的点是一一对应的；其次，对应两点之间的连线通过参考线上的参考点，且方向与所在岸坡的坡向基本一致，也就是说，该方向与该处河流走向大致正交。只有符合这两个原则之后，洪水位线上的点与对应的枯水位线上点连线所在岸坡的稳定坡角才能通过这两个点被正确计算。为达到以上目的，在进行程序设计时采用了构造剖面线的策略，即以参考点集合中每一个点为出发点，从河流上游至下游，每相邻两个点之间构成一条线段，由于30m的距离相对于整个河段而言足够小，因此，将该线段的方向定义为河流在本段内的流向，如图3.6（b）所示，黑色箭头代表了相邻两点组成的线段的方向，以垂直该线段的方向作为剖面线的方向，图3.6（b）中虚线为剖面线，从黑色箭头所示线段起始端点出发分别向洪水位线与枯水位线构造线，与洪水位线和枯水位线相交，得到的两个交点分别成为洪水位线上点和枯水位线上点。

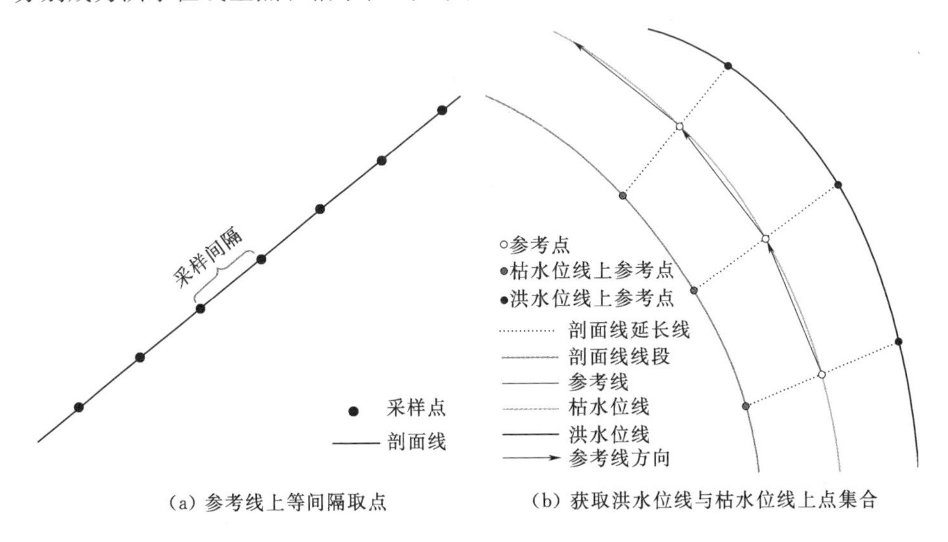

（a）参考线上等间隔取点　　（b）获取洪水位线与枯水位线上点集合

图3.6　坡面线与洪水位线

采用C#语言和AE组件进行编码实现过程中，需要将以上问题抽象为代码语言，最重要的两个问题是：确定剖面线线段的方向和长度。方向的确定采用角度的方式，首先计算出参考点集合中相邻两点所构成的线段的方向，记做α，然后通过将α增加或减少90°的方法分别得到向洪水位线和枯水位线延伸的两个方向值，如图3.7所示（AE组件中规定α位于水平线之上为正，之下为负）。在剖面线绘制的方向确定之后，需要进一步确定线段的长度，以向洪水位线延伸为例，从参考线上的某参考点出发，以确定的方向为线段绘制方向，首先绘制一个“尽可能小”长度的线段，然后做该线段的延长线，并将延长线的延长目标设为洪水位线，即延长至洪水位线与洪水位线相交时停止延伸，记下交点并保存至洪水位线上的点集合中，如图3.6（b）所示。同理可得到枯水位线上的点集合。

3）计算并输出沿参考线走向分布的稳定坡角。洪水位线上点集合和与之一一对应的枯水位线上点集合获取之后，就可基于高分辨率DEM获取点集合

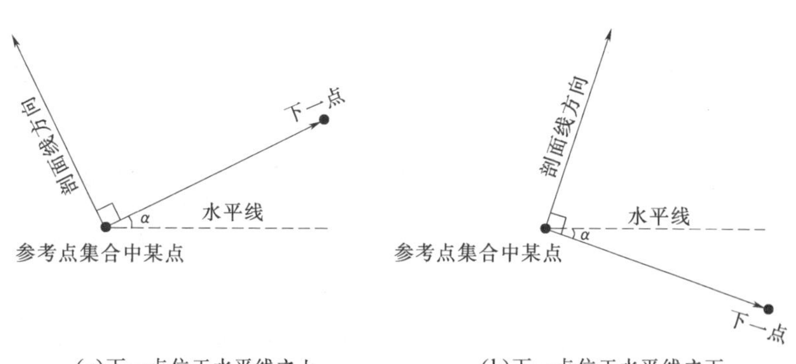

(a)下一点位于水平线之上　　(b)下一点位于水平线之下

图 3.7　剖面线方向的确定

图 3.8　石板滩塌岸区相关的岸坡多边形

中每个坐标点的高程值，然后通过计算洪水位线上点和其对应的枯水期位线上之间的高差和水平距离的值，再由反正切函数运算得到沿参考线走向分布的一系列水下稳定坡角值。图 3.8 所示为石板滩潜在塌岸体，从上游至下游共 18

个“小多边形”，根据“小多边形”的坡角属性值即可进行该库岸段水下平均稳定坡角的计算，通过对 18 个“小多边形”求平均值得到该塌岸区的水下稳定坡角值为 21.9°，与实测 21°相差不大。

图 3.9　石板滩塌岸区全景

石板滩塌岸区位于金沙江右岸，距坝里程 79.3km，顺江长度 550m，为崩坡积堆积体。堆积体主要由碎石组成，碎石成分为玄武岩，棱角状，一般粒度为 1.5～10cm，其次为 30～80cm，大量碎石松散堆积于坡体表面。土壤层较薄，一般仅数厘米，部分地段无土壤层。坡体表面较平坦，坡面较陡，由图 3.9 石板滩塌岸区全景照片可以看出，其前缘临水部分能够反映该岸段浸没于水下时的稳定坡角，可通过本章提出的自动化提取稳定坡角的方法获得该岸坡段的水下稳定坡角值，结果可靠。

但对于河流侵蚀形成的岸坡而言，该方法则不适用，例如位于金沙江右岸的鹦鹉嘴塌岸区，距坝里程 68.9km，顺江长度 600m，为崩坡积物堆积。坡体后部为陡崖，陡崖下为基座阶地平台，如图 3.10 所示。堆积物主要由碎石土组成，碎石成分为灰岩，粒度不等，一般为 1～15cm，以 3～5cm 为主，棱角不明显，少量块石可达 50～100cm，至高程 575m 以下基岩出露，主要为砂页岩，产状平缓，高程 580m 有少量河流相砂砾石混杂堆积，但不多见。

图 3.10 所示的塌岸区前缘临水处岸坡陡立，为河流侵蚀形成的岸坡，与塌岸区物质组成不一致，不具有类比性。因此，自动化提取的方法难以奏效。

除石板滩外，通过该方法对深沟、邓家坪、太平场、牛栏江口等塌岸区的水下稳定坡角进行了自动化提取，统计后得到平均值，并与实测或计算的结果

图 3.10　鹦鹉嘴塌岸区全景

做比较（表 3.4），两者最大差值为 3.8°，最小差值为 0.3°，可见该方法针对堆积体岸坡具有一定的可行性，但针对河流侵蚀形成的侵蚀性岸坡时则失效。因此，在应用该方法时，首先要判段塌岸段岸坡性质。

表 3.4　水下稳定坡角统计

名称	岸坡多边形个数	水下坡角平均值/(°)	实测或计算值/(°)	坡角实测与平均值的差值
石板滩	18	21.9	21	0.9
深沟	17	21.3	22	0.7
邓家坪	20	21.7	22	0.3
太平场	48	15.0	16	1.0
牛栏江口	13	18.2	22	3.8

在以上的分析中，太平场塌岸区水下稳定坡角的提取具有一定的特殊性，与其自身的岸坡性质是紧密相连的。太平场塌岸区位于金沙江右岸，上游侧起始于太平场，下游侧至花坪子，距坝里程 156.1km，顺江长度 2.9km，为金沙江阶地堆积，该段金沙江河谷呈凸岸形态。在该塌岸段上游为侵蚀岸坡，下游为堆积岸坡，如图 3.11 所示。因此，在计算其水下稳定坡角时，仅采用其下游的堆积岸坡进行水下稳定坡角的提取，与该塌岸区下游部分河流相冲积物、混杂洪积物形成岸坡的水下稳定坡角具有类比性。

对野外调查人员难以到达的区域，现场实测方法和综合计算方法均无法进行时，采用获取该区域DEM和影像的方式，可获得所需要的塌岸预测参数等，这是对现场实测法和综合计算法一种有益的补充。同时，该方法对于获取大范围内水位变幅带坡角具有一定的意义，针对单一岸坡而言，如太平场，则可根据岸坡性质进行具体分析和计算。

图3.11　太平场塌岸区相关的岸坡多边形

3.2.3　预测参数的综合分析和取值

通过实测法、图解法和计算法的综合，获得了库区内94个塌岸区的水上和水下稳定坡角，现将部分成果列举见表3.5。

表3.5　研究区塌岸区水下和天然岸坡稳定角

名称	水下坡角/(°)	水上坡角/(°)	坡角取值方法
干海子	20	36	综合
朝阳坝	19	39	综合
连家坪子	25	45	图解
石板滩	21	32	综合

续表

名称	水下坡角/(°)	水上坡角/(°)	坡角取值方法
深沟	22	34	综合
付家坪子	23	41	图解
干田	22	43	综合
双龙	22	38	图解
牛栏江口	22	38	综合
太平场	16	40	综合

对水上和水下稳定坡角而言，不同类型堆积物平均值总体较接近，有其他类型物质混杂分布时，坡角稍大；阶地堆积主要为松散砂砾石层，表层由于雨水长期淋滤作用一般有硬质胶结壳，随硬壳厚度和胶结程度的不同导致坡角变化较大。依据堆积物类型不同进行水上和水上稳定坡角统计的结果如图 3.12 所示。

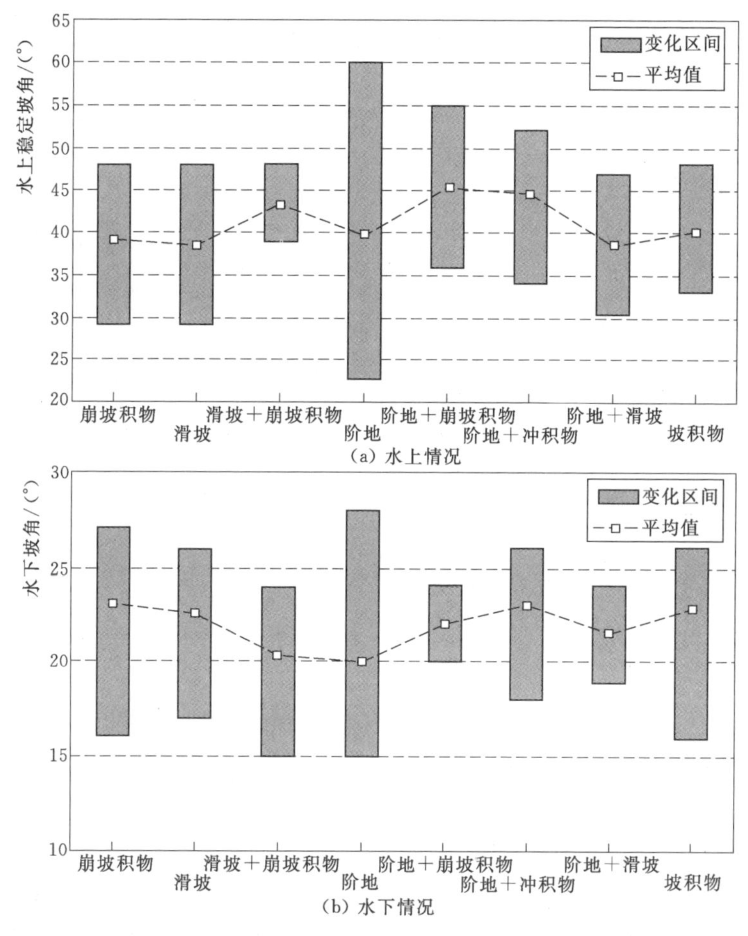

图 3.12 研究区塌岸不同堆积物类型水下及水上稳定坡角统计

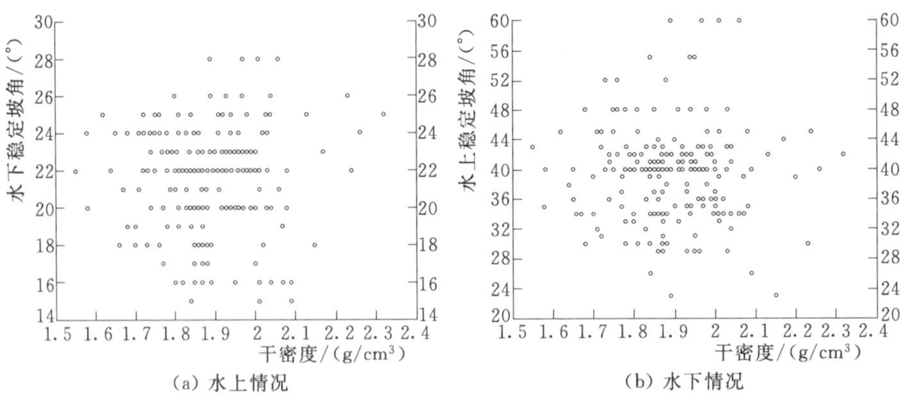

图3.13　土体干密度与水下及水上稳定坡角的关系

在获得了水下及水上稳定坡角之后，与岸坡物质物理性质试验中获得的干密度参数和土体类型进行相关关系分析，结果如图3.13和图3.14中散点图所示。可见，水上及水下稳定坡角与土体密度和土体类型相关性不大。

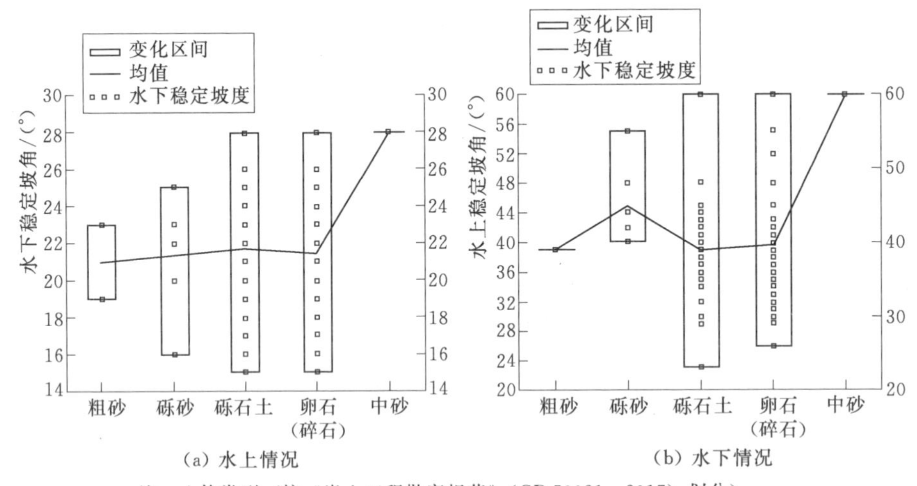

注：土体类型（按《岩土工程勘察规范》(GB 50021—2017) 划分）

图3.14　土体类型与水下及水上稳定坡角的关系

3.3　基于GIS的侵蚀型塌岸预测

3.3.1　二维“两段法”的基本原理

“两段法”的基本原理是：预测塌岸线由水下稳定岸坡线和水上稳定岸坡线的连线组成，水上稳定岸坡线的起点所对应同高度的原始岸坡点与该线终点之间的水平距离，即为预测的塌岸宽度 S_k，如图 3.15 (a) 所示。

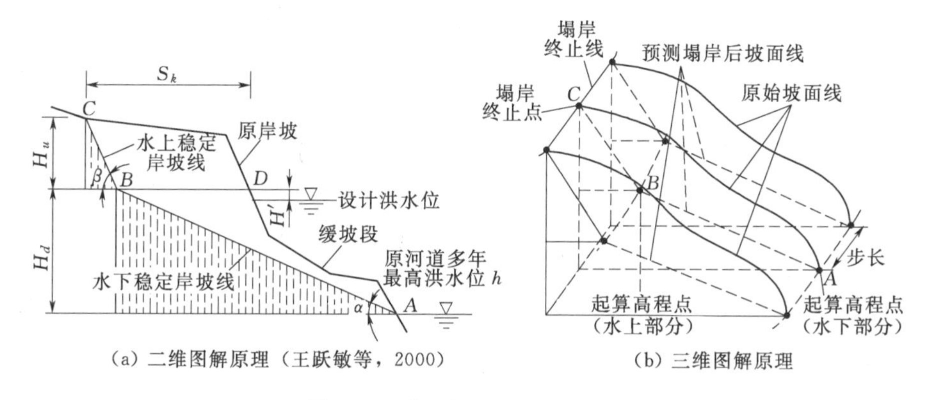

(a) 二维图解原理（王跃敏等，2000）　　(b) 三维图解原理

图 3.15 “两段法”的图解原理

水下稳定岸坡线由原河道多年最高洪水位 h 及倾角 α 确定，水上稳定岸坡线由设计洪水位和毛细水上升高度 H' 及倾角 β 确定。图 3.15 (a) 给出“两段法”的二维图解：以原河道多年最高洪水位与岸坡交点 A 为起算高程点，以 α 为倾角绘出水下稳定岸坡线，该线延伸至设计洪水位加毛细水上升高度的高程点 B，再以 B 点为起点，以 β 角为倾角绘制水上稳定岸坡线，该线与原岸坡的交点 C 即为水上稳定岸坡的终点。水上稳定岸坡线的起点 B 的高程所对应的原岸坡点 D 与该线终点 C 之间的水平距离，即为“两段法”预测的塌岸宽度 S_k。

3.3.2 三维“两段法”的基本原理与实现流程

“两段法”在我国南方峡谷型水库地区得到了广泛应用，但同样存在不足：①塌岸预测仍停留在传统的二维塌岸宽度预测之上，对于塌岸的体积预测较少，且定量化程度低；②在实际的预测方法实施中，采用二维图解的实现方法，自动化程度低，岸坡预测前后的三维形态信息也未能很好地展示。高分辨率 DEM 数据的应用和 GIS 组件开发技术的引入，将使这一现状得到改善。

以 2.5m×2.5mDEM 数据作为塌岸区剖面线获取的基础数据，采用 GIS 组件开发模式实现了“两段法”在三维空间上的体积计算和形态展示。算法设计建立在“两段法”塌岸预测的基础上，将塌岸预测拓展到三维空间中，如图 3.15 (b) 所示，图 3.15 (b) 对图 3.15 (a) 进行了空间上的扩展，即将实际的空间三维岸坡作为预测对象，以与河流多年最高洪水位线近垂直的岸坡地形剖面线作为原始岸坡线，按给定距离间隔［图 3.15 (b) 中“步长”所示］，做 n 条河流剖面线，覆盖整个预测塌岸区域。以图 3.15 (b) 中 AC 地形剖面线为例，通过水下起算点 A、水下稳定坡角 α 和水下计算终止条件，得出水下

稳定岸坡线 AB；通过水上起算点 B，水上稳定坡角 β 和水上计算终止条件，计算得到水上稳定岸坡线 BC，并同时得到 AC 地形剖面线所对应的塌岸宽度 S_k。

“两段法”的二维图解只能计算塌岸宽度，同时，稳定岸坡线不能在三维空间中有很好的展现，因此，“两段法”在三维空间的拓展，使得塌岸的体积计算和坡形展示成为可能。即如图 3.15（a）中所示，通过一定的水平间隔距离，在水下稳定岸坡线和水上稳定岸坡线上提取点，结合 α、β 和起算点 A 的三维坐标，计算得到分布在水下稳定岸坡线和水上稳定岸坡线上的一系列三维坐标点，依此类推，得到塌岸预测范围内由每一条地形剖面线所在的塌岸段进行预测后稳定岸坡线的三维坐标点集合，最终得到该塌岸预测区域内的三维点集。通过该三维点集，可生成塌岸后 DEM，结合岸坡原始 DEM 即可计算塌岸体积，并能通过可视化的方式将塌岸后的岸坡形态进行三维展示。具体的程序实现流程如图 3.16 所示。

3.3.3　基于 DEM 的三维“两段法”的 GIS 实现

本章在应用 GIS 二次开发方法实现塌岸宽度的快速求解的同时，将“两段法”做了新的拓展，即将原来的二维求解方式拓展到三维求解方式上来，使得塌岸预测中体积计算变得简单快捷，同时可以预测塌岸后水库岸坡的三维形态。

（1）在塌岸预测实现的过程中，所需要的参数与二维图解法类似，但因应用了高分辨率 DEM，又有所不同，主要的参数及其获取包括以下方式：

1）塌岸剖面线。基于 2.5m×2.5m 的 DEM 数据获取“两段法”中所需要的岸坡剖面数据。

2）水下及水上起算点。由 0.5m×0.5m 高分辨率航空影像目视解译提取多年最高洪水位线，水下起算点则通过获取每条岸坡地形剖面线与多年最高洪水位线的交点得到；水下计算终点即为水上起算点。

3）水下及水上稳定坡角。水下及水上稳定坡角通过野外实测和室内实验获取，野外调查中通过实际测量获取稳定坡角值，同时根据实际量测位置的室内土工实验结果进行校核。

4）水下及水上计算终点。对设计洪水位线与岸坡地形剖面线的交点处高程与该点处毛细水上升高度求和得到 H_d，由起始点沿剖面线在水平面投影方向和竖直角 α 作射线与 H_d 高程水平面相交，交点即为水下计算的终点；水上计算终点为实际剖面线与水上稳定坡面线的交点。

（2）基于微软 Visual Studio 2010 软件开发平台，采用 C# 编程语言，结合 ArcGIS Engine（以下简称 AE）地理信息系统二次开发组件，进行塌岸预

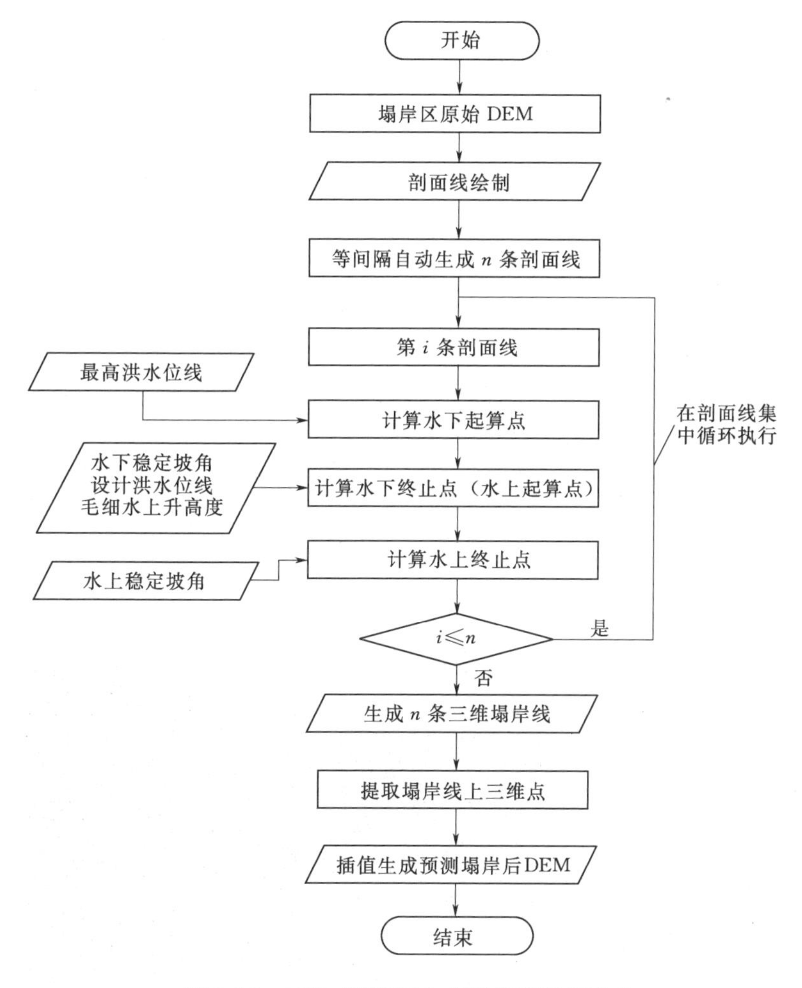

图3.16 三维“两段法”塌岸预测程序流程

测程序的设计与开发，充分考虑了代码的灵活性与可移植性，采用面向对象的设计思想，将功能进行模块化设计，并实现了封装，使得各个功能模块相对独立，完成各自不同的功能。采用该设计思想的优势在于，设计生成的功能模块既能满足ArcGIS Engine独立应用程序的开发需要，即加载编译生成的扩展名为*.dll文件到应用程序之中，又能满足其在ArcGIS桌面平台下的使用，即加载编译生成的扩展名为*.tlb的插件到ArcGIS桌面平台下，而在ArcGIS平台下使用更具有优越性（兰小机，2011），用户在使用该插件所提供的服务之外，同时可以利用ArcGIS软件平台下的所有功能模块。两段法的实现主要体现在两个方面，即二维塌岸宽度计算和三维塌岸体积计算。

1）塌岸宽度计算的实现。根据两段法的二维图解原理，设计宽度计算工具，在DEM数据平面进行剖面线的绘制，即通过绘制线段，生成剖面，同时计算该直线与多年最高水位线、设计洪水位线以及实际调查塌岸界线的交点。与多年最高洪水位线的交点即为水下稳定岸坡计算的起点；以水下稳定坡角角度为方向，做射线与设计洪水位线所在平面的交点，即为水上稳定岸坡的起算点；再以水上稳定岸坡坡角角度值为方向，做射线与实际剖面线相交，即可得到塌岸发生的后缘点；最终生成水上稳定岸坡线，通过计算水上稳定岸坡线长度与水上稳定岸坡坡角的余弦的乘积即可得到塌岸的宽度。

为了使计算过程可视化，在设计该插件的过程中，借助AE的地图控件，将生成的实际剖面线、水下稳定岸坡线、水上稳定岸坡线、水下起算点、水上起算点、塌岸终止点以及其他辅助图形要素绘制在该地图控件上，如图3.17所示，图中虚线框中内容即为两段法进行塌岸宽度的可视化计算过程。整个计算的前提是绘制一条与多年最高洪水位线、设计洪水位线以及实际调查堆积体界线相交的线段，并在线段绘制完成后通过“两段法基本参数设置”对话框，设置两段法计算所需基本参数，如图3.18（a）所示，二维图解的过程即可自动完成。需要说明的是，所绘制的线段的方向应与河流走向大致正交。

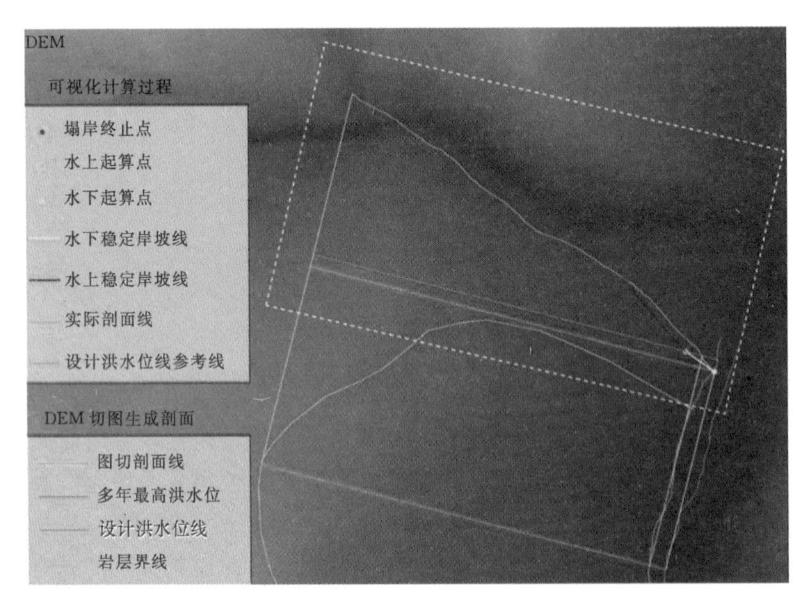

图3.17　“两段法”的二维GIS实现

2）塌岸体积计算的实现。根据两段法的三维图解原理，设计体积计算工具。体积计算建立在宽度计算的基础之上，即将所绘制的剖面线向其左右两侧进行阵列，生成一系列等间隔的剖面线，覆盖一定库岸段；然后，每条剖面线按照计算宽度的过程进行，最终生成一定范围内的塌岸相关数据。

程序执行的过程如图3.18所示。用户首先绘制一条剖面线段，然后根据图3.18（a）所示设置基本参数，之后再进行“跨度和步长”的设置，这一设置确定了塌岸体积计算的范围，如图3.18（b）所示。以跨度600m、步长20m为例，程序运行时将在所绘制剖面线段两侧600m的范围内每间隔20m生成一条与该剖面线平行的一组剖面线，每条剖面线与多年最高洪水位线、设计洪水位线和实际调查堆积体界线均有一组交点，并生成实际地形剖面线；结合水下稳定坡角和水上稳定坡角，可计算出每条剖面线所在位置处的塌岸相关数据，如水下岸坡线，水上岸坡线，塌岸终止点等，如图3.18（c）所示，图中展示了该塌岸段范围内，生成的水下稳定岸坡线，水上稳定岸坡线以及水上塌岸范围等信息。当然，图3.18（c）并不能显示该段塌岸体积的信息，因此，还需要进一步的计算，即在稳定岸坡线生成之后，在岸坡线上等间隔取点，如图3.15（a）所示，根据水下稳定坡角和起始点高程，通过简单的三角函数运算，即可得到稳定岸坡线上点的高程值；再通过该点与起始点的水平距离与角度，得到其坐标值，最终生成该点的三维坐标信息。水上部分的计算与之类似，这样就可得到覆盖该塌岸段内的三维点集合，利用该三维点集插值生成塌岸后DEM，结合塌岸前DEM，进行挖填方计算，即可进行塌岸体积的计算。

虽然三维“两段法”从严格意义上讲不是真正的三维，应属于“伪三维”或“假三维”的范畴，但将其进行扩展之后，可近似得到三维空间上的计算结果，也是一种较好的选择。

（3）“两段法”在进行山区峡谷型水库的塌岸预测中得到了广泛的应用，本章在“两段法”的基础上，采用GIS二次开发的方式，使得“两段法”的应用由二维空间扩展到三维空间，三维“两段法”的优势主要表现如下：

1）基于高分辨率DEM数据，完成了塌岸二维宽度计算和三维塌岸体积计算，并最终生成可移植的塌岸计算工具插件，适用于GIS基础平台和二次开发应用。

2）实现了塌岸宽度和体积计算的参数化和自动化以及塌岸预测过程的可视化，使塌岸宽度和体积的计算更加快捷高效，且能生成塌岸预测后岸坡形状，便于进行三维可视化展示。

总之，GIS技术的引入，使得“两段法”能够在进行侵蚀型塌岸范围预测时，更准确、更高效地预测塌岸宽度、体积、坡形等特征，为塌岸的防护措施及防护工程的建设提供了更可靠的参考。

3.3.4 应用实例

采用三维“两段法”进行体积计算之前，首先进行塌岸宽度的预测，即通

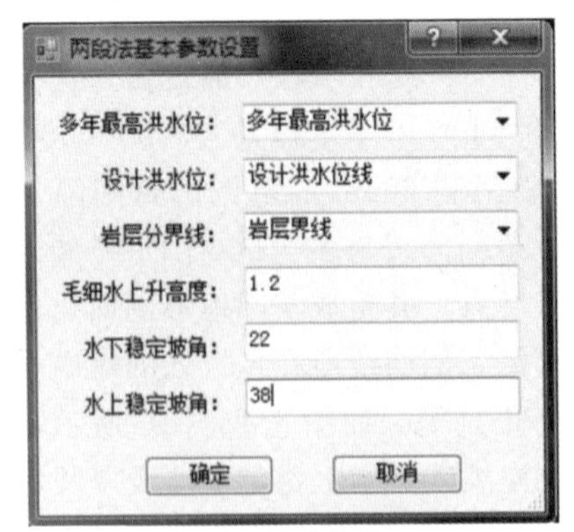

(a) 基本参数设置

(b) 跨度及步长设置

(c) 塌岸宽度预测

图 3.18　三维“两段法”塌岸预测过程

过在塌岸区绘制若干典型剖面进行二维塌岸宽度计算，通过塌岸宽度计算可得到两种结果：①蓄水后将产生塌岸。即通过可视化的塌岸宽度计算结果，如图 3.17 所示，若水下和水上塌岸预测线位于原始剖面线之下，则可判定该塌岸段蓄水后将产生塌岸，并可计算出塌岸的宽度，然后再进一步采用三维“两段法”进行塌岸体积和形态的预测。②蓄水后不产生塌岸。通过可视化的塌岸宽度计算，如图 3.17 所示，若水下塌岸预测线位于原始剖面线之上，则可判定该塌岸段蓄水后不产生塌岸。由于三维塌岸体积的预测与形态的预测相对二维的塌岸宽度计算，需要花费更多的时间成本，因此将塌岸宽度计算作为塌岸体积计算前的一个试算过程，可减少不必要的计算，节约时间。以米西洛、对坪和石板滩库岸段为例，对三维“两段法”的实际应用进行分析。

3.3.4.1　米西洛塌岸范围预测

米西洛塌岸区位于美姑河右岸，距河口 6.1km，顺河长度 1.0km，为崩坡积堆积体，堆积物主要为碎石土，块石少见，碎石弱胶结，主要成分为灰岩。坡体前缘较陡，坡角 35°～39°，高程 900m 以上为相对平缓台地，两侧均为基岩陡坎。中部前缘发生局部次级滑坡，如图 3.19 所示，坡体上有多条冲沟发育，冲沟深度 10～20m，沟底未见基岩。前缘下游侧临河附近基岩出露，有采矿。

图3.19 米西洛塌岸全景

通过图解的方式，获得该塌岸区的水下稳定坡角为25°，水上稳定坡角为42°，采用三维"两段法"对米西洛库岸段进行水下塌岸预测线和水上塌岸预测线的绘制，步骤如下：

（1）塌岸宽度计算。根据图3.18（a）设置塌岸预测参数，设置水下稳定坡角为25°，水上稳定坡角为42°，通过绘制剖面线的方式在其上半平面完成可视化计算，如图3.20（a）所示。可见，水下塌岸预测线和水上塌岸预测线均位于岸坡坡面线以下。

（2）塌岸范围预测。根据图3.18（a）设置塌岸预测参数，设置水下稳定坡角为25°，水上稳定坡角为42°，然后进行跨度设置与步长设置，分别设置为450m和25m，即在图3.20（a）所示的图切剖面线两侧各450m范围内，以25m间隔生成剖面线集合，分别计算每条剖面上的塌岸宽度，并得到每条剖面线对应的塌岸后缘点，将塌岸后缘点的连线构造塌岸后缘线；再结合600m蓄水位线，以及野外调查获取的塌岸边界线生成塌岸范围，如图3.20（b）所示，在水下和水上塌岸预测线上等间隔取点，并根据水上和水下稳定坡角，计算高程，得到三维点集合。

（3）体积计算。体积计算则采用ArcGIS的空间分析功能完成，即将塌岸预测线上的三维点，以"Topo to Raster"的方式生成DEM，最终完成体积计算。通过将图3.21（b）所示塌岸后DEM可将其三维形态在ArcScene中进行展示。在此过程中，虽然自动化的方法生成了三维点数据，但会出现自动化不能处理的情况，应引起注意。如图3.22所示，在该岸坡左侧边界部分，水下

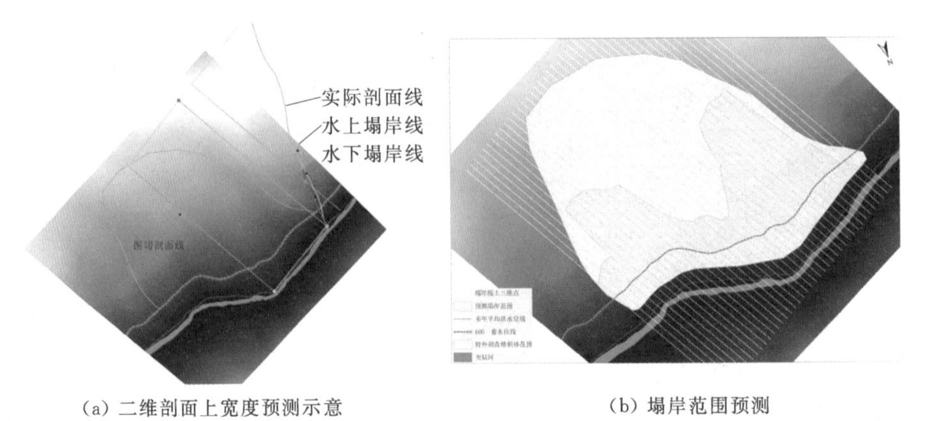

(a) 二维剖面上宽度预测示意　　(b) 塌岸范围预测

图 3.20　米西洛塌岸预测

塌岸预测线位于实际剖面线之上，则表明该处无塌岸；在该岸坡右侧边界处，水上塌岸预测线为空，其后缘点应位于野外调查所获得的堆积体边界线上。

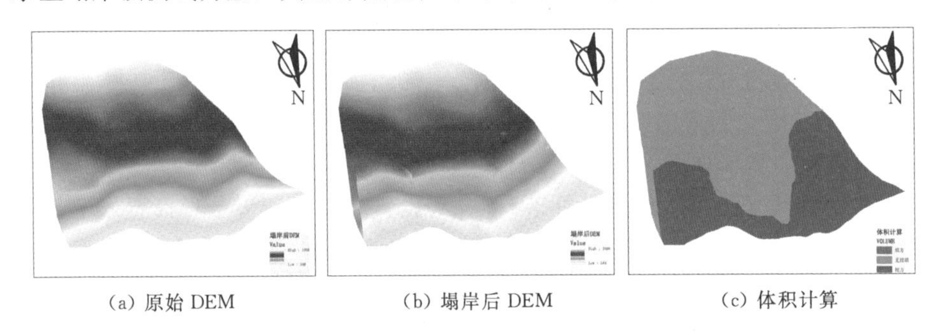

(a) 原始 DEM　　(b) 塌岸后 DEM　　(c) 体积计算

图 3.21　采用挖填方工具计算塌岸体积

3.3.4.2　对坪塌岸范围预测

对坪岸坡段位于金沙江左岸，距坝里程 157.7km，顺江长度 250m。上下游两侧均以大型支沟为界，为金沙江阶地河流相冲积物堆积，如图 3.23 所示。堆积物主要为河流相砂砾石，具斜层理，含少量砾石，砾石成分以砂岩为主，部分为板岩、砂页岩，混杂少量洪积物堆积，呈棱角状碎石。坡前为坡积物，块石、黏土含量较多。通过对该区实测与图解方法得到的稳定坡角进行综合，得到水下稳定坡角为 18°，水上稳定坡角为 23°。

先进行塌岸宽度计算，如图 3.24 所示，水下塌岸预测线位于剖面线之上，表明无塌岸，在该岸坡段进行了多个位置处的试验之后，均出现这一情况，可判断该区域蓄水后基本无塌岸。

3.3.4.3　石板滩塌岸范围预测

石板滩库岸段位于金沙江右岸（图 3.9），通过图解和实测方法的综合，

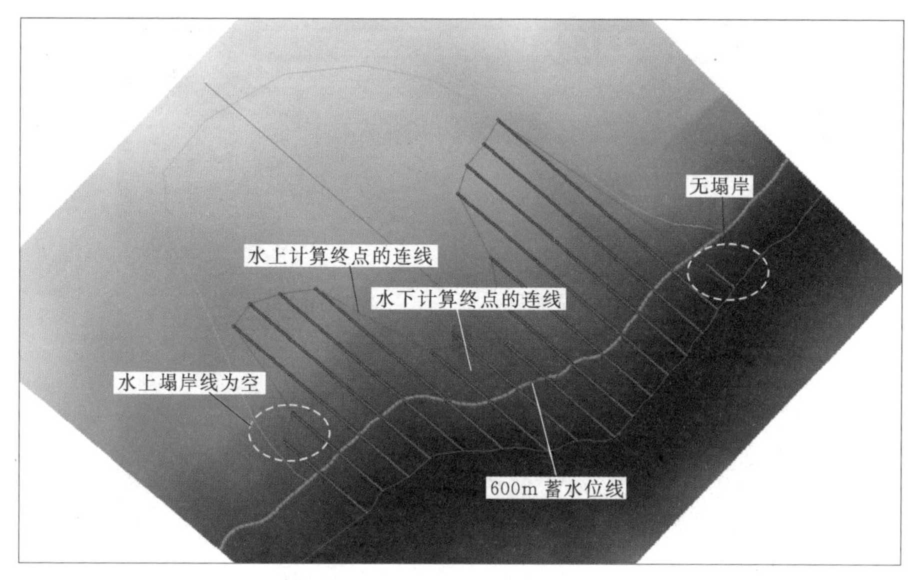

图 3.22 自动化塌岸预测结果分析

图 3.23 对坪库岸段全景

得到其水上稳定坡角为 21°，水下稳定坡角为 32°。

仍从塌岸宽度计算开始，由图 3.25（a）可知，水下塌岸线位于剖面线之下，表明该处将会产生塌岸；而水上塌岸线按水上稳定岸坡角绘制射线时，与剖面线无交点，因此，对于该类塌岸，塌岸后缘点即为剖面线的后缘点，塌岸的宽度为该点与 600m 正常蓄水位线所对应的原始岸坡上的点的连线。

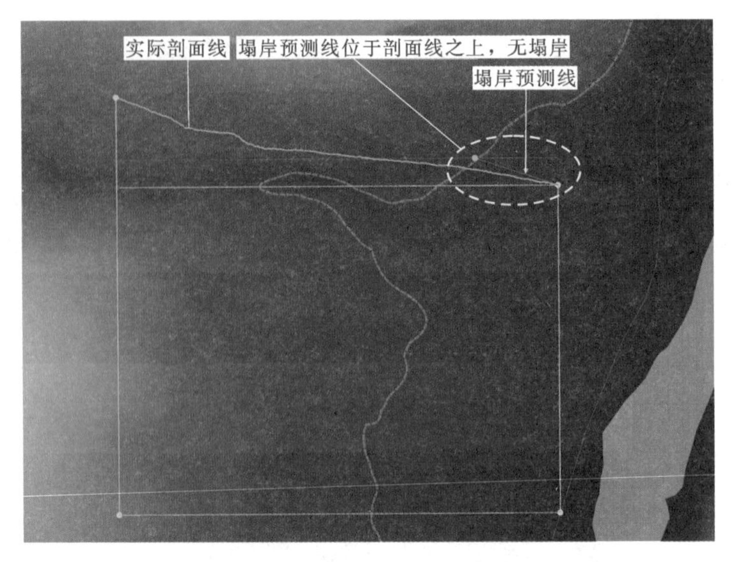

图3.24 对坪库岸段二维剖面上宽度预测示意

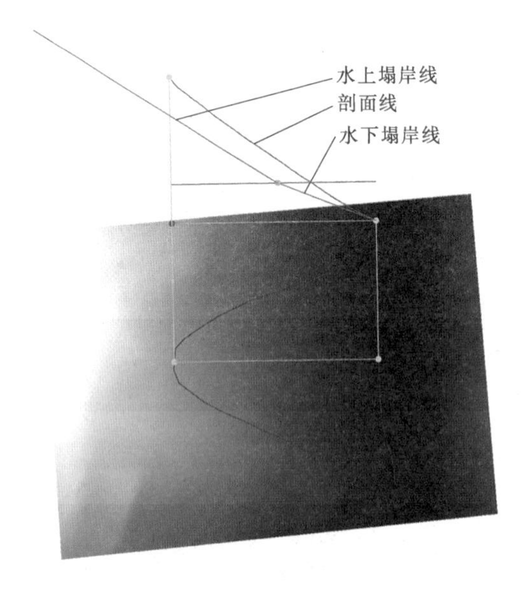

(a) 二维剖面上宽度预测示意

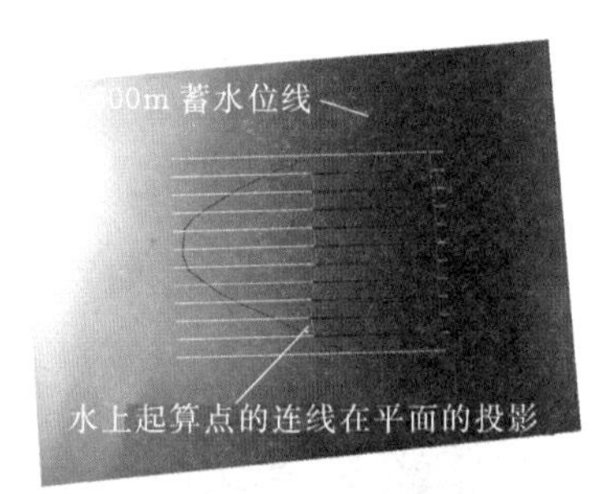

(b) 水上起算点连线在平面的投影

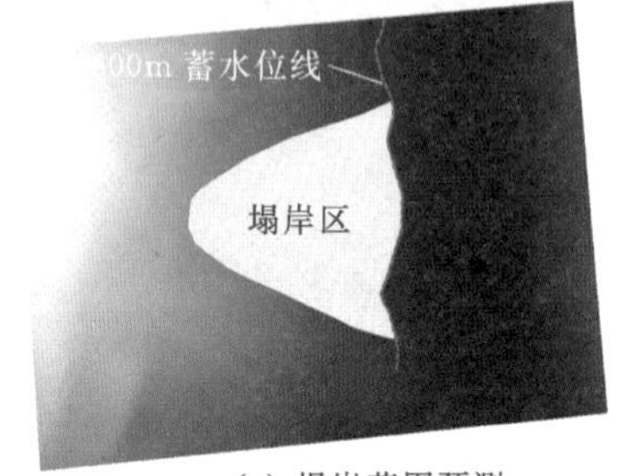

(c) 塌岸范围预测

图3.25 石板滩库岸段宽度预测和范围预测

通过体积计算工具，生成一组剖面线，进行每条剖面线上宽度计算，结果如图3-25（b）所示，由水上起算点做射线计算时，均与实际剖面线无交点。因此，塌岸后缘线即为野外调查获得堆积体后缘边界线，其塌岸范围即为由600m正常蓄水位线与堆积体边界线构成的多边形，如图3.25（c）所示。

第4章　基于GIS的滑移型塌岸预测研究

4.1　基于DEM的滑移型塌岸安全系数计算与应用

滑移型塌岸在本质上就是滑坡，不同的是其前缘受到了库水的作用。针对该类型的塌岸，可根据滑坡稳定性计算与预测评价结果确定塌岸范围，并根据岸坡稳定性分析方法评价其在库水作用下的现今稳定状态。本章针对研究区内广泛分布的滑移型塌岸，基于DEM，对二维安全系数、三维安全系数、剖面线组合安全系数计算在GIS中的实现进行了详细的研究，并引入概率分析方法，考虑参数的随机性，计算岸坡的失效概率。

4.1.1　二维条分法的基本原理与GIS实现

4.1.1.1　二维条分法的基本原理

在边坡稳定性分析中，应用最广泛的仍然是简单实用的极限平衡分析方法。尽管极限平衡法没有考虑岩土的应力-应变关系，但计算方法较其他方法简单，能够快速获取边坡安全系数值，因此该法仍然是工程中进行边坡稳定分析的主流方法。

在应用极限平衡法进行边坡稳定性分析的过程中，首先假定潜在滑动面的位置，将滑动面以上土体进行竖直方向上的条块划分，每一条块作为一个刚体按力的平衡原理分析，求出其在极限平衡状态下的安全系数，并通过计算多个试算滑动面的安全系数，比较得到安全系数的最小值，并最终找出安全系数最小值所对应最危险滑面的位置。

条分法是进行岸坡稳定性计算的传统方法，其基础理论是极限平衡理论，在进行实际的运算过程中，均对岸坡实际状况进行了不同程度的简化，使其满足力的平衡条件或力矩的平衡条件。表4.1为目前较主流的二维条分法假设条件与使用范围。

4.1.1.2　基于DEM的二维条分法的GIS实现

本节以瑞典条分法为例，对基于DEM的二维条分法的GIS实现原理进行阐述，并根据水库岸坡的特点，针对研究区非均质土岸坡，通过GIS组件开发模式，实现了瑞典条分法计算最小安全系数以及临界滑动面搜索的过程。瑞

表 4.1　　二维条分法假设条件与使用范围

分析方法	假设条件	静力平衡		滑面形状
		力矩平衡	力的平衡	
瑞典法	不考虑条间力	是	部分	圆弧
毕肖普法	条块间仅有水平力作用	是	部分	圆弧
简布法	假设条间水平力作用位置（1/3）	是	是	任意形状
萨尔玛法	滑体上作用有临界水平加速度	是	是	任意形状
M－P 法	条间力：法向力与剪切力的比值用条间力函数 $f(x)$ 与待定比例系数 λ 的乘积表示	是	是	任意形状
斯宾塞法	条间力：法向力与剪切力的比值用条间力函数 $f(x)$ 与待定比例系数 λ 的乘积表示，其中 $f(x)$ 为一常数	是	是	任意形状

典条分法是二维条分法中最古老而又最简单的方法，它假定滑动面为圆柱面且滑动土体为不变形的刚体，同时假定不考虑土条侧面上的作用力，是 1936 年瑞典学者费兰纽斯在瑞典圆弧法的基础上提出的，其计算式为：

$$F_s=\frac{\sum(c_i l_i+W_i\cos\alpha_i\tan\varphi_i)}{\sum W_i\sin\alpha_i} \tag{4.1}$$

当已知土条 i 在滑动面上孔隙水压力 u_i 时，如图 4.1（a）所示，瑞典条分法的上述公式可改写成如下有效应力进行分析的公式：

$$F_s=\frac{\sum[c_i l_i+(W_i-u_i b_i)\cos\alpha_i\tan\varphi_i]}{\sum W_i\sin\alpha_i} \tag{4.2}$$

其中

$$W_i=\gamma_i b_i h_i$$

式中：c_i、φ_i 为第 i 个土条的黏聚力与内摩擦角；γ_i、b_i、h_i 分别为第 i 个土条的重度、宽度和高度；l_i 为第 i 个土条的滑弧长度；α_i 为第 i 个土条的坡角；u_i 为土条 i 在滑动面上孔隙水压力。

若土坡由不同土层组成，如图 4.1（b）所示，瑞典条分法的公式仍可适用，此时，安全系数 F_s 的计算公式可写成：

$$F_s=\frac{\sum[c_i l_i+b_i(\gamma_{1i}h_{1i}+\gamma_{2i}h_{2i}+\cdots+\gamma_{mi}h_{mi})\cos\alpha_i\tan\varphi_i]}{\sum b_i(\gamma_{1i}h_{1i}+\gamma_{2i}h_{2i}+\cdots+\gamma_{mi}h_{mi})\sin\alpha_i} \tag{4.3}$$

若土质边坡部分浸水，则水下土条的重量都应该按饱和重度计算，同时还要考虑滑动面上的孔隙水应力（静水压力）和作用在土坡坡面上的水压力，但在静水条件下，水压力对滑动土体的影响可用静水面下滑动土体所受的浮力来代替，即相当于水下土条的重量均按浮重度计算。本节的研究对象为静水条件下的水库涉水岸坡，因此，将水库蓄水位高程线引入到土层的分层中，水下部分按饱和重度计算，水上部分按天然重度计算，忽略了水库涨落时渗流力影响。

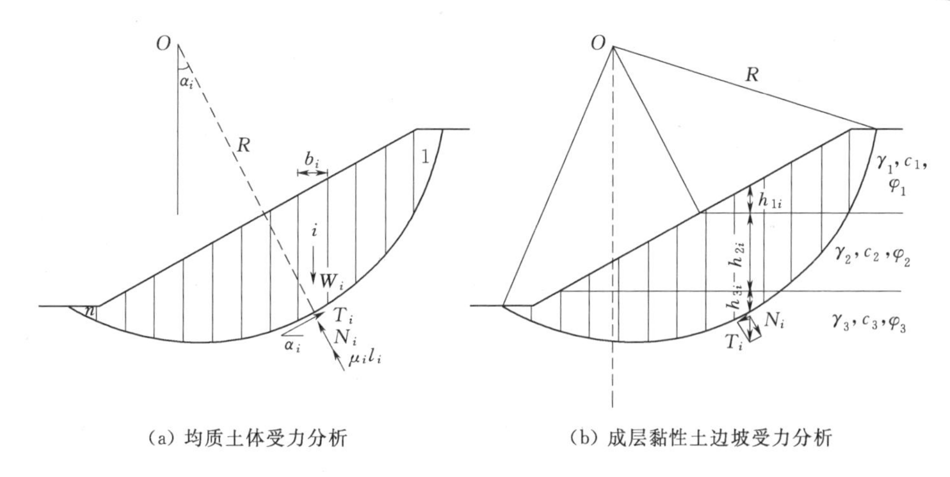

图 4.1 瑞典条分法示意图

(1) 针对水库涉水岸坡的特点：①岸坡部分浸没于水中，该部分岸坡处于饱和状态；②水库多修建于高山峡谷地带，岸坡多为非均质土。在稳定性计算中，采取瑞典条分法对水库回水区黏性土岸坡进行最小安全系数计算，并确定其对应的最危险滑动面位置。首先确定可能的滑弧圆心范围，潘家铮等(1980) 通过研究表明，对于简单均质黏性土坡，最危险滑弧的滑动中心在图 4.2 (a) 所示 *ABCD* 范围内：即通过边坡中点做垂线和法线，以坡面中点为圆心，分别以 1/4 坡长和 5/4 坡长为半径绘制同心圆，最危险滑弧圆心即在该 4 条线包含的区域 *ABCD* 内；然后即可进行最小安全系数的计算和临界滑动面的搜索，其步骤如下：

1) 按照一定的角度间隔和一定的距离间隔在确定的滑弧圆心区域确定可能的滑弧圆心，如图 4.2 (a) 所示，黑色圆点为圆心区域内可能的滑弧圆心分布状况，在后面的计算中将对该圆心进行遍历搜索和计算。

2) 以圆心集合中每一圆心和后缘坡顶的连线或圆心与后缘坡顶裂缝处的连线为圆弧半径，绘制圆弧与岸坡剖面线相交得到圆弧滑动面集合。

3) 根据瑞典条分法计算公式，如图 4.2 (b) 所示，根据土层分界线和边坡外水位线，对该圆弧滑动面与剖面所组成的滑坡体进行分层，每一层采用相应的饱和状态或天然状态土力学参数，进行稳定性分析，计算得到安全系数，由此可得到多个圆弧滑动面所对应的安全系数的集合，比较得到最小安全系数，并相应绘制对应的最危险滑动面。

基于微软 Visual Studio 2010 软件开发平台，采用 C# 编程语言，结合 AE 二次开发组件，以 2.5m×2.5mDEM 作为获取岸坡剖面线的地形依据，设计完成了可嵌入 ArcGIS 软件平台的扩展模块，使得运用瑞典条分法进行非均质黏性土水库岸坡的稳定性计算实现了自动化、参数化和可视化。

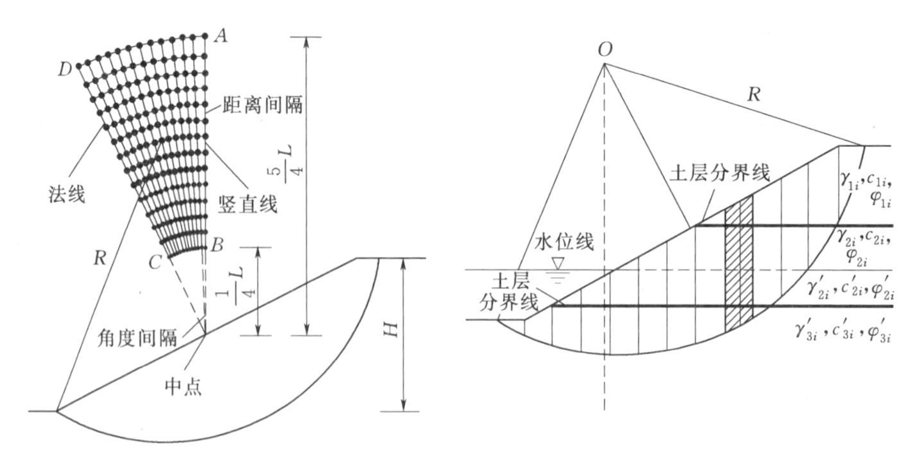

(a) 最危险滑弧圆心搜索区域的确定　　(b) 黏性土边坡的竖向分层与水平条分示意

图4.2　成层黏性土边坡瑞典条分法程序实现原理

在程序设计的过程中，涉及三个关键点：①假设圆弧滑动面的位置；②黏性土岸坡的分层；③最小安全系数的计算和临界滑动面的确定。基于以上三点，首先根据高分辨率DEM地形数据获取岸坡剖面，再根据竖直方向上的各土层的厚度和水库正常蓄水位高程对岸坡进行分层，并对不同的层赋予不同的属性。为达到可视化的目的，通过AE地图控件对剖面线、分界线、条分线等进行绘制，设计中用到的AE组件库中的接口类型主要有IPoint、IPolyline、IRaster、IGraphicContainer等。最后根据不同土层的物理力学参数进行岸坡的稳定性计算。

(2) 基于AE进行最危险滑动面搜索的程序设计与实现的原理和详细步骤如下：

1) 确定圆心搜索区域。在地图控件中，基于2.5m×2.5mDEM，沿岸坡主滑线，通过鼠标点击绘制剖面线；同时，借助地图控件，沿垂直于剖面线段方向绘制实际剖面线，连接实际剖面线的两个端点，记下该线段的长度L，并以此线段的中点为起点，分别作铅垂线和线段的法线，同时以该线段中点为圆心，以$\frac{1}{4}L$和$\frac{5}{4}L$长度为半径分别绘制圆弧，与该点处的垂线和法线相交，形成圆心搜索区域，如图4.3(a)所示。

2) 确定圆弧滑动面集合。在圆心搜索区域中，按照指定的角度间隔和距离间隔绘制可能的圆心集合，同时，以初始的实际剖面线两个端点在一定的距离区间内移动，即由两个端点构造形成不同的圆弧的弦长，从而构造圆弧滑动面集合，如图4.3(a)所示。

3) 绘制土层分界线和坡外蓄水位线。基于参数输入窗口，输入土层分界

线高程及各土层在天然状态和饱和状态下的重度、黏聚力和内摩擦角。根据黏性土岸坡土层分界线高程参数以及坡外水位的高程，绘制土层分界线和水位线，如图 4.3（a）所示。

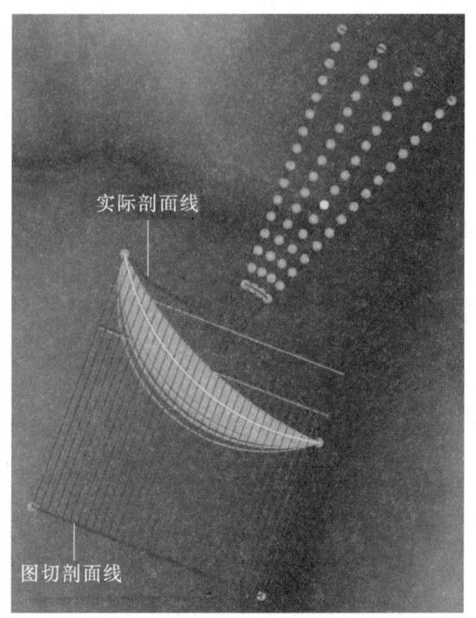

(a) 图切剖面线未旋转至水平

最危险滑动面

(b) 图切剖面线旋转至水平

图 4.3 最危险滑动面的搜索过程

4）计算安全系数。将实际剖面线、自上而下的土层分界线、水位线以及圆弧滑动面曲线存入 IPolyline 接口类型的数组中，将通过鼠标手动绘制的剖面线按指定的瑞典条分间隔距离取点，并以这些间隔点为起点，绘制垂直于剖面线段并分别延伸至 IPolyline 类型数组中的直线或曲线，即实际剖面线、土层分界线、坡外水位线和圆弧滑动面曲线，通过延伸至这些目标曲线或直线的长度的比较，确定岸坡稳定性计算的两个主要参数：①确定分层土条安全系数计算所采用的高度；②确定土的物理力学参数，即坡外蓄水位之上采用天然状态下的土力学参数，蓄水位之下采用饱和状态下的土力学参数，依次计算每相邻两条条分线所围成土条的安全系数并累加，得到整个土坡在某一圆弧滑动面的安全系数，存入安全系数数组。

5）绘制最危险圆弧滑动面。通过比较以上步骤中安全系数数组中的数值，得出最小安全系数，同时记下该系数对应的圆弧滑动面和圆心，并通过地图控件进行绘制，如图 4.3（a）所示。由于借助地图控件绘制实际剖面线，因此实际剖面线做了一定角度的旋转，该角度即为图切剖面线段的方向角，做反方向旋转之后，即可看到实际剖面线和最危险滑动面的位置，如图4.3（b）所示。

基于研究区高分辨DEM，通过直接在水库岸坡所在区域的主滑动方向绘制剖面线的方式，确定二维状态下的岸坡剖面；再通过设定圆心搜索区域，得到一组试算滑动面，利用穷举算法，求出每个试算滑动面的安全系数，并最终比较得出最小安全系数及其对应的最危险滑动面的位置。该过程计算简单，在GIS平台上直接实现，减少了高分辨率DEM数据在边坡稳定性计算中的数据转化过程，使得DEM数据与稳定性计算之间松散耦合现状得到改善。

将该方法的设计思路，做进一步的拓展，即可完成毕肖普法、简布法以及M-P法等方法的实现，同时二维状态的计算所获取参数，例如安全系数、临界滑动面位置，可在三维的计算中作为参数或初始值引入进行计算，从而达到减少三维计算量的目的。

4.1.2　基于微条柱法的三维安全系数计算方法与GIS实现

目前边坡稳定性分析一般简化为二维平面应变问题并采用二维极限平衡法来处理。二维条分法是对边坡实际情况简化后采用的方法，实际上，任何边坡失稳现象均是在现实的三维空间中发生的，严格来讲，应该进行三维分析，即将岸坡置于三维空间之中，在传统的二维条分法的基础上进行拓展。二维条分法中的土条也相应地拓展为三维条柱法中的条柱，通过分析每个条柱上的受力状况，根据极限平衡理论，最终计算得到三维安全系数。

三维极限平衡法发展到现阶段，主要理论模型有三维简化毕肖普法、三维简化简布法、三维斯宾塞法以及三维M-P法等（冯树仁，1999；张均峰，2004；陈昌富，2010）。综观这些方法，都是基于二维极限平衡法分析时所获得的经验，多沿用了二维的假设条件。其所作的假定主要涉及以下几个方面：

（1）滑面的形状作出假定，如假定滑体对称，滑裂面为球面或椭球面等。

（2）放松静力平衡要求，求解过程中仅满足部分力和力矩平衡要求。

（3）对条间作用力的方向、作用点位置以及分布的假定。

表4.2列举了三维边坡稳定性计算中的一些经典方法（朱剑锋，2007）。

表4.2　　三维边坡稳定性计算方法

作者	计算方法	强度指标	边坡/滑面结合条件	三维效应
Hovland（1977）	改进普通条分法	c，φ	均无限制	$F_{3s}<F_{2s}$
Hungr（1987）	改进毕肖普法	c，φ	无限制/旋转面	$F_{3s}>F_{2s}$
陈祖煜（2001）	改进斯宾塞法	c，φ	无限制	$F_{3s}>F_{2s}$
李同录（2003）	极限平衡法	c，φ	无限制/旋转面	$F_{3s}>F_{2s}$

续表

作者	计算方法	强度指标	边坡/滑面结合条件	三维效应
张均锋（2004）	改进简布法	c，φ	无限制	$F_{3s}>F_{2s}$
Huang（2002）	改进简布法	c，φ	无限制	$F_{3s}>F_{2s}$
Cheng（2007）	改进 M－P 法	c，φ	无限制	$F_{3s}>F_{2s}$

本节基于高分辨 DEM 数据，选择在二维条分法的应用领域里为工程所普遍接受的毕肖普法进行扩展，即三维毕肖普法，进行三维安全系数的计算。图 4.4 展示了在三维状态下条柱受力状况，现列举如下，以便于以后的分析（Cheng、Yip，2007）。

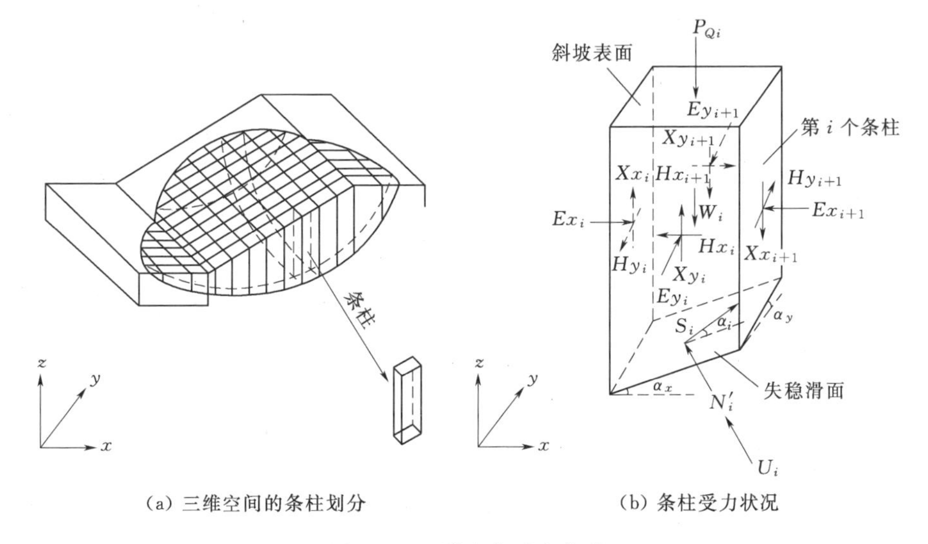

(a) 三维空间的条柱划分　　(b) 条柱受力状况

图 4.4　三维条柱受力状况

图 4.4 中，α_i 为沿投影在 $x-y$ 平面的滑动方向的滑动角；α_x、α_y 为每一条柱底部沿 x－和 y－方向的倾角；Ex_i、Ey_i 分别为沿 x－和 y－方向条间正应力；Hx_i、Hy_i 分别为沿 x－和 y－方向的侧面条间剪应力；Xx_i、Xy_i 分别为 x－和 y－垂直方向上条间剪应力；N_i'为有效正应力；U_i 为基底孔隙水压力；S_i 为剪切力；W_i 为条柱自重；P_{Qi}为竖直方向上施加于条柱顶部的外部荷载。

4.1.2.1　三维简化毕肖普法的基本原理

简化毕肖普法是毕肖普提出的边坡稳定性计算方法，在工程中得到广泛的应用，其计算方法简单且计算结果有较高的精度。该方法假设条块间作用力水平即忽略条间剪力，只考虑条块的垂直平衡及对圆心的力矩平衡，由于没有考虑条间剪力作用及水平方向力的平衡，因此只能称之为非严格条分法。

Hungr 于 1987 年在简化毕肖普法的基础上，将该方法在三维上进行了直接的拓展，即三维毕肖普法。其假设条件与二维状态时完全一样（Hungr，1987；Hungr O 等，1989）。此后，许多研究者也做过类似的研究（Ugai，1988；Lam 和 Fredlund，1993），就三维毕肖普法而言，其基本假设和理论基础均是一致的。本节在 Reid 等（2000）对构造火山侧翼进行三维稳定性研究所采用的理论和方法的基础上，结合研究区内所获取的高分辨率 DEM，探讨三维毕肖普法的实现。

该方法满足每个条柱沿竖直方向即 Z 轴方向的力的平衡，并根据绕 X 轴的整体力矩平衡求解安全系数，计算三维安全系数的公式为：

$$F=\frac{\sum R[cA_c\cos\theta+W(1-r_u)\tan\varphi]/m_\alpha}{\sum W(R\sin\alpha+ke)} \tag{4.4}$$

式中：R 为底滑面抗滑力的力臂；W 为条柱重力；A_c 为滑动面与条柱相交部分的面积；c 为黏聚力；φ 为内摩擦角；k 为水平地震力加速度系数，其作用点为条柱中点，力臂为 e，无地震力作用时，$k=0$；γ_u 为孔隙压力比；θ 为失稳条柱底部的真倾角；α 为底滑面沿滑动方向的视倾角。

其中，m_α 的计算中包括安全系数 F，因此，三维毕肖普法的计算也同样需要迭代运算才能完成，m_α 采用式（4.5）表示：

$$m_\alpha=\cos\theta+\tan\varphi\sin\alpha/F \tag{4.5}$$

重力 W 的计算与二维不同，即：

$$W=V\gamma_t \tag{4.6}$$

其中，体积 V 通过计算微条柱的体积得到，通过计算平截头六面体的体积近似得到，即：

$$V=1/6\Delta x(S_0+4S_1+S_2) \tag{4.7}$$

该方法由于未考虑 x 轴和 y 轴的整体力平衡，根据整体力矩平衡条件求解安全系数时与坐标轴的位置有关，所以该方法比较适合于滑裂面为弧形面的情况。

4.1.2.2　三维滑动面的搜索方法

选择合适的滑动面是进行边坡稳定性分析的关键所在。通常，对于无黏性土岸坡而言，无限边坡模型十分有效，其滑动面为平面或平面的组合面；而对于黏性土岸坡而言，球形滑动面较为普遍。因此，对于一个给定的岸坡稳定性问题，滑动面的选择及边坡稳定性分析模型的选择主要取决于岸坡本身的岩土工程性质。

然而，是否能够选择适合的模型和滑动面不仅是岸坡所处的局部地质环境条件所能控制的，而且主要还受研究者的经验与学术背景、软件和数据的可用性等多种因素的控制。本节试图将 GIS 方法引入边坡模型构建和滑动面搜索之中，目的是使边坡模型和滑动面形状的选择变得简单方便。

概括起来，针对水库涉水岸坡，三维滑动面的形状主要体现在三个方面：①平面滑动面。对于均质无黏性土岸坡而言，主要为平面滑动面；对于非均质无黏性土岸坡而言，则为平面组合而成的滑动面。对于被库水作用的水库岸坡，由于被蓄水位线分为水下和水上两个部分，则认为是非均质岸坡，为平面组合而成的滑动面。②球形滑动面或椭球形滑动面。对于均质黏性土滑坡而言，为球形或椭球形滑动面；对于非均质黏性土而言，则为球形或椭球形滑动面的组合面。③非球形滑动面。以球形滑动面作为初始试算滑动面，以初始滑动面上的节点作为控制点，进行优化，获得新的滑动面，最终得到安全系数最小值所对应的非球形滑动面，本质上是对球形滑动面优化后得到的滑动面。

GIS具有数据输入、操作、转换、可视化、分析、模型化及数据输出等基本功能，加之其在数据处理和空间分析上的强大功能，已成为区域地质灾害评价的重要工具。利用GIS工具对空间地形数据的操作优势，可以对三维边坡稳定性问题进行有效的分析（谢谟文等，2006；邱骋等，2008；Mergili、Fellin，2011）。

本节以高分辨率DEM为基础，通过GIS组件开发模式，针对上述三种三维滑动面中的平面滑动面和球形滑动面的搜索过程进行深入探讨，使这一过程变得简单方便，易于在实际中应用，并对非球形三维滑动面的搜索方法进行了方法上的探讨，为更深层次地挖掘DEM在进行三维边坡稳定分析中开拓了思路和方法。在计算的过程中，引入三维简化毕肖普法，完成安全系数的计算。

（1）三维“两段法”获取滑动面。在“两段法”进行塌岸宽度和体积预测的过程中，获得了塌岸预测线，通过在预测塌岸线上等间隔取点，并根据水上稳定坡角、水下稳定坡角、取点间隔长度以及塌岸预测线长度等参数，获取坐标位置处的高程，最终由高程点集插值生成塌岸后坡面，将塌岸后坡面以上和原始坡面以下所包裹的中间部分作为潜在失稳的塌岸体。显然，在均质无黏性土岸坡情况下，该三维滑动面由水上和水下两个部分组合而成。

基于高分辨率DEM，采用组件编程方式，通过三维“两段法”获取滑动面的步骤如下，如图4.5所示。

1）基于高分辨率DEM绘制主剖面线。同时，阵列生成塌岸预测空间范围内的一系列剖面线，按两段法生成塌岸预测线。

2）在塌岸线上等间隔取点，获取其在平面二维中的坐标，根据水上稳定坡角、水下稳定坡角以及塌岸预测线长度等参数，通过三角函数运算得到预测塌岸后的该坐标位置处的高程。

3）通过预测塌岸后高程点，内插得到三维滑动面。

由此得到三维滑动面，与原始坡面一起构成了潜在塌岸体部分，建立三维岸坡模型，为三维计算提供基础。

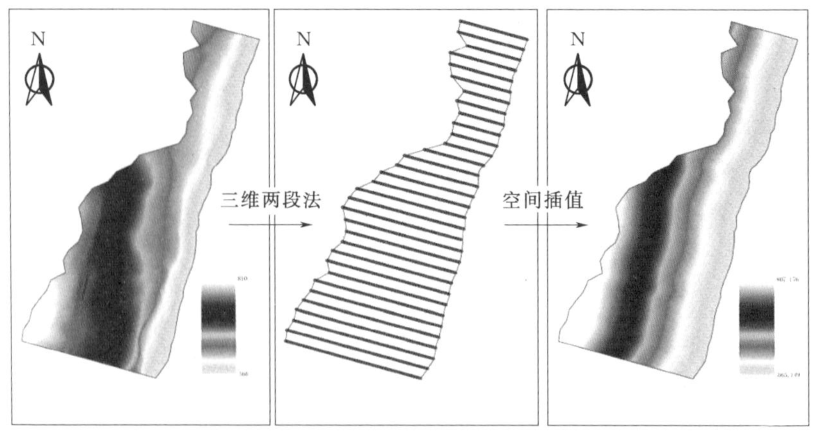

(a) 岸坡原始DEM (b) 塌岸预测线及其上高程点集 (c) 插值生成的滑动面

图4.5 岸坡原始DEM与滑动后DEM

(2) 球形或椭球形滑动面的获取。在二维领域，黏性土坡中圆弧滑动面较为普遍，一些经典的极限平衡分析方法均以圆弧面为试算滑动面，如瑞典条分法、毕肖普法和简布法等。

对于圆弧滑动面而言，确定圆弧滑动面很重要的一个因素即是确定球心搜索区域和球半径，本节采用的方法是：首先在二维领域搜索得到最小安全系数对应的圆弧滑动面的位置，然后以该圆弧所对应的圆心和半径作为球形滑动面的球心和半径，构造出球形滑动面，再由三维毕肖普法计算得到安全系数，并与二维计算结果进行对比分析。

对于椭圆弧而言，它是球形滑动面的拓展，确定其椭圆中心和椭圆的长短轴成为关键问题。Xie等（2004）、李亮等（2008）在稳定计算中采用了椭球滑动面作为三维滑动面。对椭球形滑动失稳模式的边坡而言，同样是通过计算多个椭球滑动面的安全系数，比较得到最小安全系数对应的滑动面即为最危险滑动面。然而，确定一个椭球的在三维空间中的形态包含五个参数，即：椭球体的半径（a，b，c）、椭球中心点（x_0，y_0，z_0）和椭球的倾角θ。椭球面的一般数学方程式为：

$$\frac{(x-x_0)^2}{a^2}+\frac{(y-y_0)^2}{b^2}+\frac{(z-z_0)^2}{c^2}=1, a\geqslant b\geqslant c \tag{4.8}$$

其中看不到椭球倾角θ的存在，是因为该椭球面方程是在无旋转和倾斜状态下的一般方程，但在实际三维边坡滑动面搜索中，需要根据滑动方向将椭球面旋转至与滑动面一致的方向，再根据边坡坡角将滑动面倾斜。

在此过程中，Xie等（2004）采用蒙特卡罗模拟法，按一定规则随机产生椭球体参数，产生一系列试算滑动面，最终比较得出最小安全系数对应的最危

险滑动面的位置所在。

(3) 非球形滑动面的获取。在实际的边坡三维稳定性分析中，上述两种三维滑动面形态属于少数情况，无论是自然还是人工边坡，其空间状态大多不是理想状态下的均质土层，而是多种土层组合在一起的非均质土层，若要使得三维稳定性评价在实施的过程中更加符合实际情况，三维任意滑动面的获取变得十分重要，因为它关系到边坡三维地质模型建立的准确与否，甚至正确与否。

与以往二维稳定性分析不同，三维边坡的稳定性分析将会产生许多复杂的问题，并可能产生其他问题。Thomaz 和 Lovell (1988) 使用随机方法搜索三维最危险滑动面；Yamagami 和 Jiang (1997) 采用动态规划法确定三维临界滑动面的位置；Cheng 等 (2005) 建议将非均匀旋转 B一样条曲面来确定三维临界滑动面。Hajizizi 等 (2010) 在研究二维全局最危险滑动面的确定方法时采用三维单变量梯度向量法 (Three - Dimensional Alternating Variable Local Gradient, TDAVLG)，该方法的实现过程简单且尽可能地避免了局部极值问题。Hajiazizi (2012) 将这一方法从二维空间拓展了三维空间。在二维平面状态下，滑动面的形态为一些线段的组合，而在三维空间状态下，滑动面则由多个平面相交组合而成，最危险非圆弧滑动面的获取变成了移动初始圆弧滑动面上节点至达到最小安全系数对应的位置的过程。

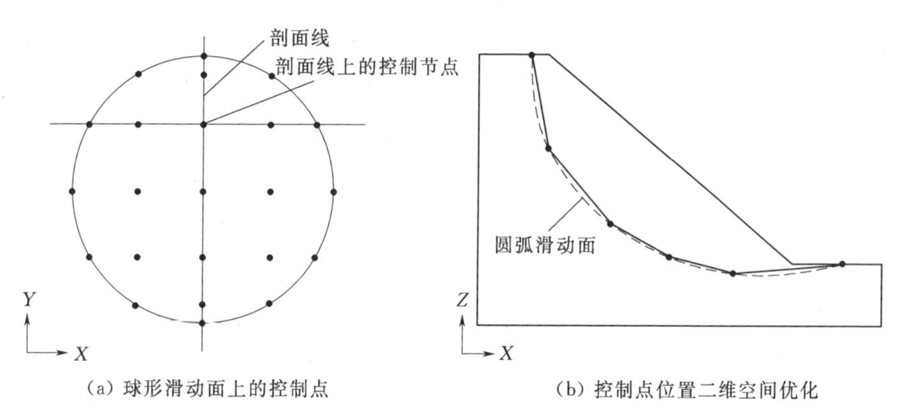

(a) 球形滑动面上的控制点　　(b) 控制点位置二维空间优化

图 4.6　三维球形滑动面的构造

三维单变量梯度向量法是从单变量梯度向量法衍生而来的，所谓单变量梯度向量法，是以单变量方法为理论基础，即为了使一个变量达到最优，而在改变这个变量的同时保持其他变量固定，当这一变量达到最优后，再选择其他变量进行优化，同样保持该变量之外的其他变量固定，依此类推，直到所有的变量均达到最优。应用到三维滑动面的搜索，即是将三维边坡的初始滑动面通过剖分形成一个具有 n 个节点连接而成的组合平面，将这 n 个节点作为一个变量集合，通过循环遍历的方式，使这 n 个节点位置均达到最优，其判断标准即是安全系数达到一个相对较低的状态，直到整体的安全系数的计算结果满足一定的容差条件，便完成了三维任意滑动面的搜索。如图4.6（a）所示，首先在球形滑动面上采样，得到控制节点，然后通过三维单变量梯度向量法优化每个控制点的位置，如图4.6（b）的剖面示意图所示，对某个剖面的滑动面上点的位置进行优化，直到达到最小安全系数所对应的滑动面（谭新等，2005）。

4.1.2.3　基于DEM的三维微条柱法实现的方法和步骤

边坡稳定性分析方法发展至今，呈现出多种多样的实现方式，在二维领域，极限平衡分析法的应用已比较成熟，Simon等基于Excel的VBA开发模式，融合了三种极限平衡计算公式，实现安全系数的计算；一些商业化的软件如Geoslope等广泛应用于边坡稳定性计算，并被广大的研究者和工程师所接受；在三维极限平衡法的实现中，Reid等（2000）在研究构造火山侧翼边坡三维稳定性分析中，采用三维毕肖普法与DEM相结合，进行边坡稳定性评价；姜清辉等（2003）通过多层DEM构造三维地质模型，基于Visual C++可视化开发平台，结合OpenGL，开发了三维边坡稳定性极限平衡分析软件slope3D。在总结前人研究的基础上，本节提出了基于GIS的三维极限平衡法的实现思路和方法，即参照Reid等（2000）的研究，基于所获取的2.5m×2.5mDEM，采用GIS组件开发模式，完成三维安全系数的计算。

应用三维微条柱法实现三维稳定性分析的具体原理及步骤如下：

（1）确定滑移型塌岸边界。通过野外调查，结合遥感解译，确定涉水滑坡堆积体范围，以矢量多边形的形式在二维空间中表达，如图4.7（a）所示。

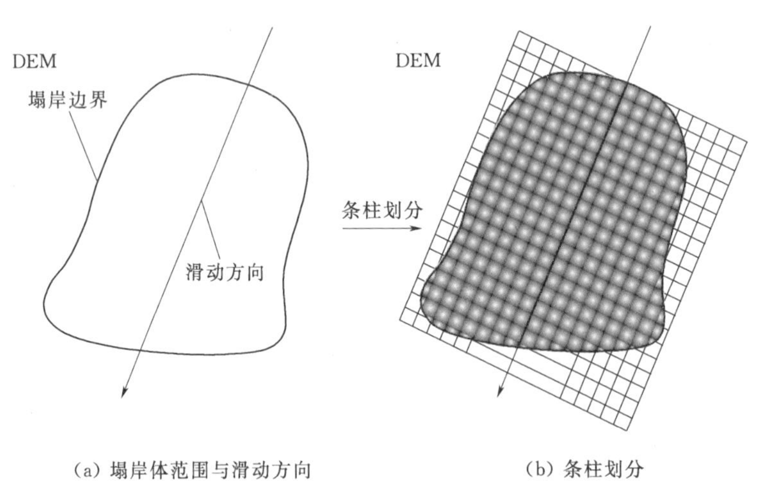

(a) 塌岸体范围与滑动方向　　(b) 条柱划分

图4.7　三维微条柱法示意图

（2）确定失稳滑动的方向。滑移型塌岸失稳滑动方向是进行塌岸体三维条柱划分的基础。在塌岸体详细调查的基础上，对塌岸可能的失稳方向做出判断。

（3）三维微条柱划分。以DEM的栅格尺寸为参考，对所要进行稳定性计算的三维岸坡进行微条柱划分，即沿滑动方向和与滑动方向垂直的方向生成一系列垂直相交的直线，覆盖整个塌岸体在二维平面的投影范围，并与塌岸体边界线进行相交运算，最终完成对整个塌岸体的条柱划分，如图4.7（b）所示。

（4）滑动面的选择与确定。首先确定岸坡性质，即判断塌岸岸段土体为黏性土还是无黏性土，这样便可确定塌岸体可能的失稳滑动模式，为选择试算滑动面提供依据。

（5）确定滑动角。滑动面确定之后，滑动角也基本能够确定，对于滑动面为平面的情况，如图4.8（a）所示的二维剖面，每一个条柱的滑动角即为滑动面的倾角；对于滑动面为球形或椭球形时，如图4.8（b）所示的二维剖面，每一个条柱的滑动角是不同的，即沿着过条柱底部中心点的切平面与水平面的夹角；对于组合滑动面的情况，如图4.8（c）所示的二维剖面，即不同的滑动面区域采用相应的滑动角；当然，除了图4.8给出的这三种情况外，滑动面还有很多种情况，但均可以通过平面与平面、平面与球面的组合方式得到。

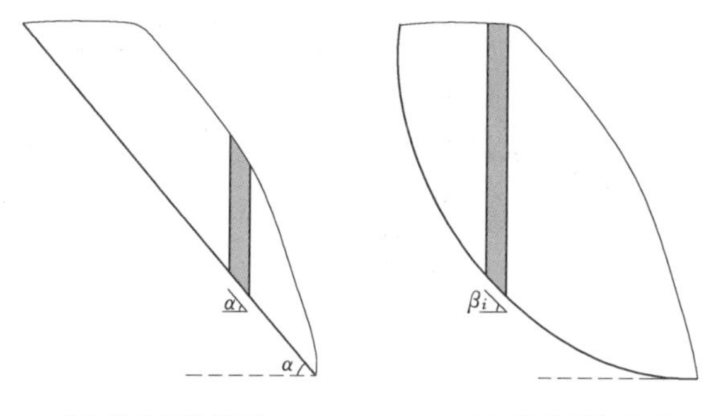

（a）滑动面为平面

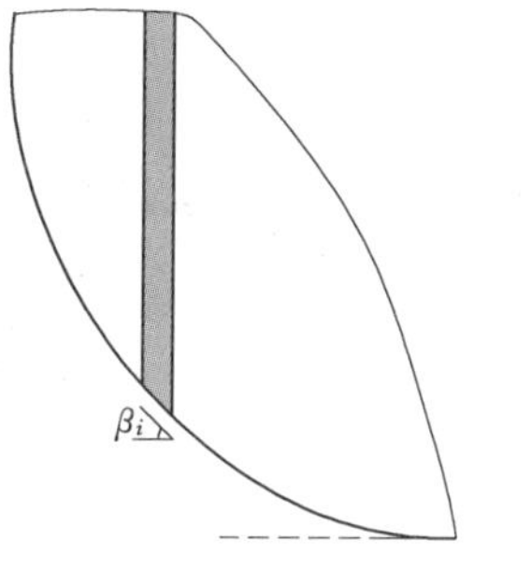

（b）滑动面为球面

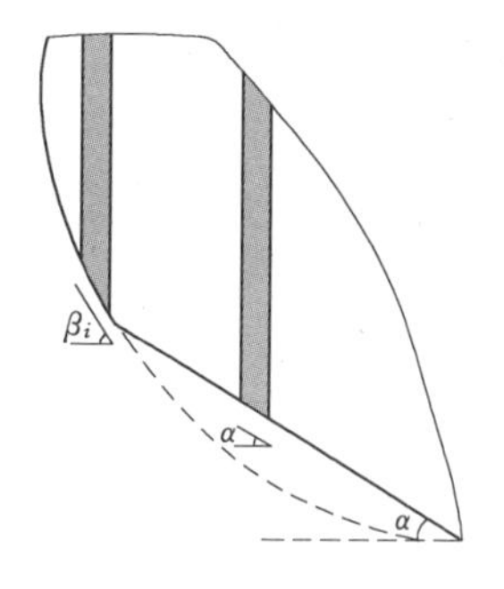

（c）滑动面为球面和平面的组合滑动面

图4.8　滑动角的确定

（6）土层划分与参数载入。由于水库蓄水对岸坡的影响，即使针对均质岸坡而言，也被600m蓄水位线分割为水上和水下两个部分，因此要在竖直方向上对土体进行分层，针对不同土层采用不同的物理力学参数，按土层顶部和底部高程确定不同土层采用不同的参数，通过键盘输入或文件导入的方式载入程序，参与运算。

通过上述步骤可完成对塌岸体三维地质模型的构建，下面则针对极限平衡法进行计算和分析。

(7) 依据三维简化毕肖普法计算安全系数。为了计算安全系数，首先按照以上所述步骤构建三维塌岸体地质模型。

(8) 结果输出与表现。采用三维毕肖普法计算安全系数以及对应的最危险滑动面，并在三维空间上进行展示。

4.1.2.4　基于DEM的三维微条柱法实现

本节以Visual Studio 2010为可视化开发平台，以高分辨率DEM数据为基础，基于三维微条柱法实现的基本方法和步骤，以三维简化毕肖普法为基础，完成了塌岸体三维地质模型的构建和三维安全系数的计算。以老木沟塌岸体为例，进行岸坡稳定性评价，步骤如下：

(1) 基于二维毕肖普法搜索得到临界滑动面。沿滑动方向绘制主剖面线，参照瑞典条分法实现过程中构建试算滑动面的方法，构建试算圆弧滑动面，采用毕肖普法获得最小安全系数对应的最危险滑动面的位置，并记下圆心坐标和半径，如图4.9所示。这一过程和瑞典条分法的实现过程一致。

(2) 基于AE组件二次开发构建球形滑动面。得到二维状态下的临界滑动面所在的圆弧的圆心和半径之后，就可通过该圆心和半径构造三维球形滑动面，其过程在AE二次开发中实现时，最终的目标是获得沿与主剖面线垂直方向按一定距离间隔平移后得到的一组剖面线在球形滑动面上投影点的三维坐标，如图4.9所示。

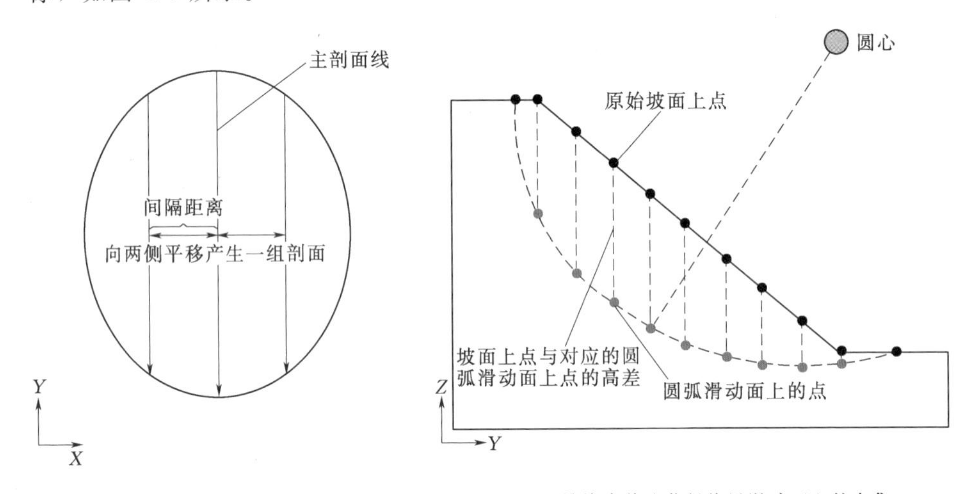

图4.9　二维毕肖普法获得临界滑动面

图4.10显示了在AE地图控件中构造球面上点的过程，图4.9 (a) 中的间隔距离即为过该剖面线所在球体截面圆与过主剖面线截面圆之间的垂直距离，将其投影到过主剖面线所在的截面圆上，如图4.10 (a) 所示，可得到一

系列同心圆，这些圆的半径可由球半径和与过主剖面所在截面圆的距离通过勾股定理计算得到，如图 4.10（b）所示。经过这一过程之后，便构造出一组同心圆弧，将其离散成点之后，计算圆弧滑动面上点的高程，得到该点的三维坐标，最终得到一组球面上的三维坐标点，插值即可生成三维球形滑动面。

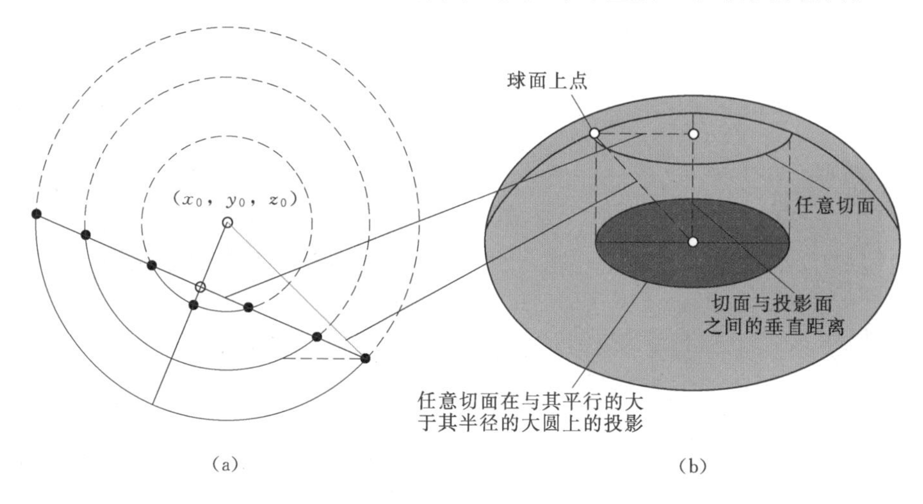

图 4.10 三维球形滑动面的构造过程示意图

图 4.11 以老木沟堆积体为例，展示了通过 AE 二次开发构建三维滑动面的过程：①由二维毕肖普法计算得到主剖面上二维临界圆弧滑动面；②由二维滑动面构造三维球形滑动面的一组三维点坐标，三维球形滑动面在平面上的投影为一椭圆；③由三维点坐标通过插值生成三维球形滑面 DEM。

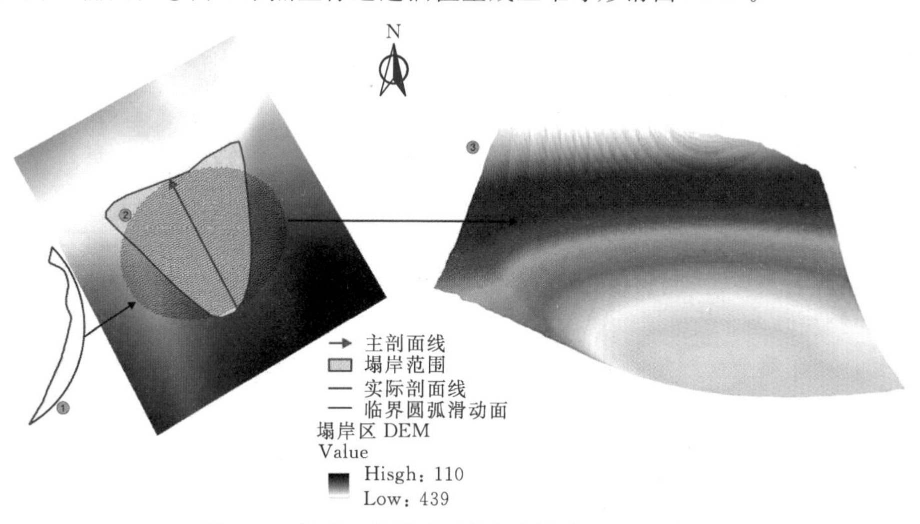

图 4.11 构造三维滑动面并生成滑动面 DEM 表面

（3）基于三维毕肖普法计算得到三维安全系数。三维滑动面构建完成之后即可按照三维毕肖普法的计算公式，对岸坡所在区域的多边形进行微条柱划分，如图 4.12 所示，将塌岸多边形沿滑动方向进行正方形网格剖分，分别投影在原始坡面 DEM 和三维滑动面 DEM 之上，以便于进行每个条柱上的计算，根据式（4.4）进行三维安全系数的计算，与二维毕肖普法一样，三维毕肖普法的实现同样是一个迭代的过程，即采用式（4.4）和式（4.5）完成这一过程。

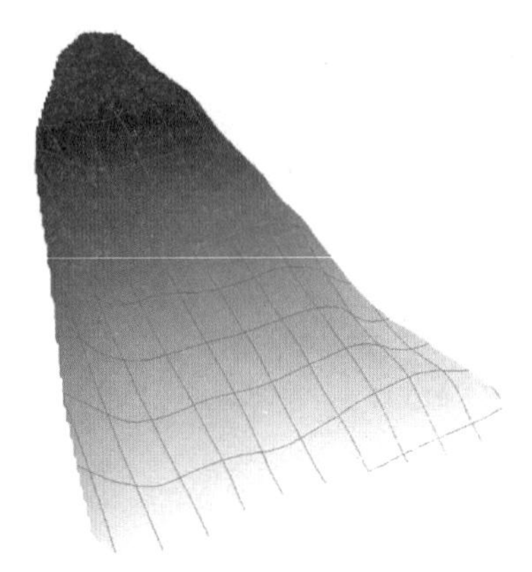

(a) 三维条柱顶部在原始坡面 DEM 的投影

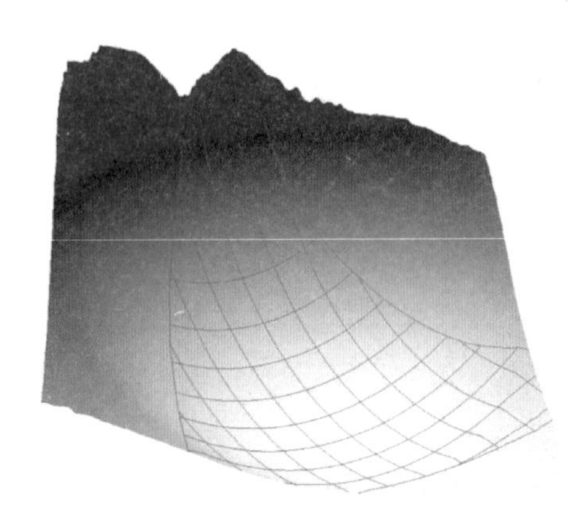

(b) 三维条柱底部在球形滑动面 DEM 上的投影

图 4.12　三维条柱顶部和底部分别在原始坡面 DEM 和球形滑动 DEM 上的投影

对于式（4.4）中所包含的 θ、α 和 V 等参数，在 AE 组件开发中可采用下列方法确定：

1）真倾角 θ 的确定。真倾角 θ 与真倾向有关，是指条柱底部与三维球形滑动面相交的面的中心所在的切平面与水平面的夹角，从几何意义上讲，是真倾向与其水平面上投影线的夹角，真倾向可通过对三维滑动面 DEM 进行坡向分析得到，如图 4.13 中坡向图所示。真倾角则可通过对三维滑动面 DEM 进行坡度分析得到，如图 4.13 中坡度图所示，在二次开发进行三维毕肖普法计算时，基于条柱底面中心点位置坐标和坡度图获得该条柱底面的真倾角 θ。

2）视倾角 α 的确定。视倾角 α 与真倾向和视倾向有关，对某个条柱底面而言，存在多个视倾角，但对于三维毕肖普法计算安全系数而言，视倾角 α 是指沿岸坡主滑方向的视倾角，即将主滑方向作为视倾向，通过视倾向与真倾向之间的夹角 ω，如图 4.14 所示，可通过公式 $\tan\theta = \tan\alpha\cos\omega$ 计算得到视倾角 α。

最终，以老木沟塌岸体为例进行三维安全系数的计算，其在天然状态下的抗剪强度指标为：$c = 25\text{kPa}$，$\varphi = 40°$，$\gamma = 20\text{kN/m}^3$，以 25m 间隔构建条柱，通过三维毕肖普法计算得到的三维安全系数为1.48，而采用二维毕肖普法计算得到安全系数为1.04。由此可见，三维毕肖普法的计算结果偏于安全。引起这种差异的原因较多，其中一个原因的是由滑动面的形状造成的，球形滑动面在现实中很少见到，图4.12也明确显示出球形滑动面在平面的投影范围没有完全覆盖实际调查中所确定的塌岸体的范围，因此，在理论是一种可行的方法，在实际中是一种近似的方法，本节给出的三维毕肖普法在GIS平台上实现也仅从理论上进行了探讨，计算结果仅具有参考意义。

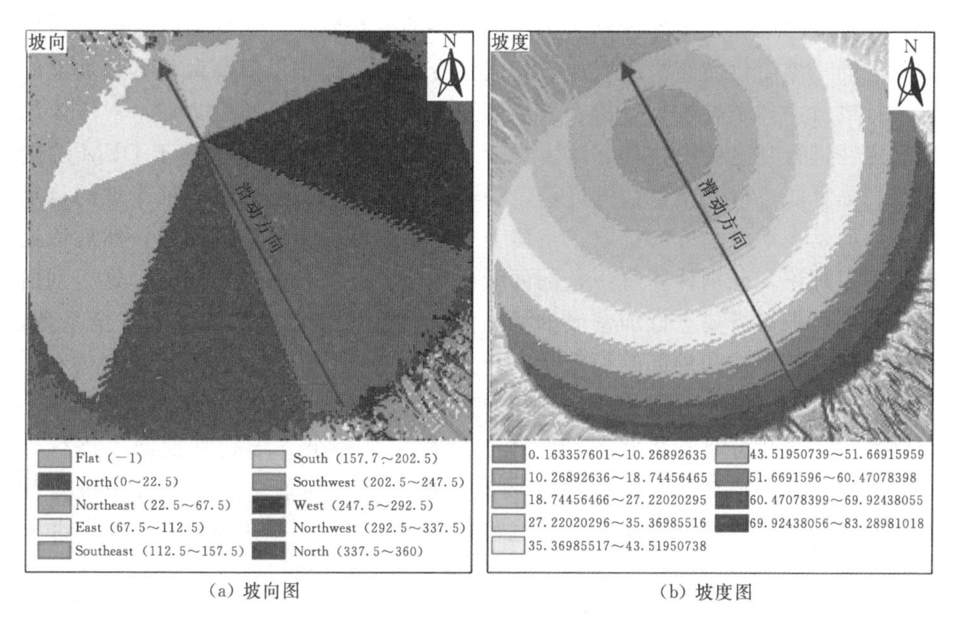

(a) 坡向图　　(b) 坡度图

图4.13　三维球形滑动面坡向和坡度图

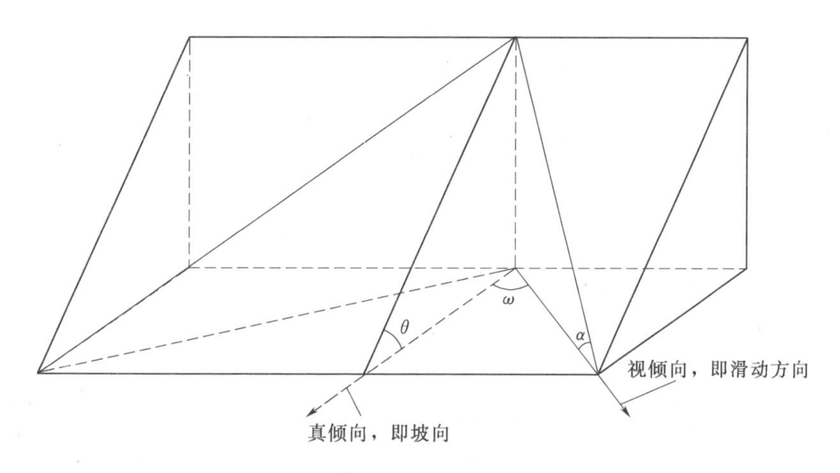

图4.14　真倾角与视倾角之间的关系

4.2　基于DEM的剖面线扫描算法计算塌岸安全系数

4.2.1　剖面线扫描计算安全系数的基本原理

采用安全系数表示边坡的稳定状态是目前被广泛接受的边坡稳定性评价指标，但目前二维和三维的计算结果均为单一的安全系数，张均锋（2004）在使用改进的三维简化简布法进行边坡稳定性分析时，提出了对离散化后边坡上的每一行或每一列条柱进行分析，采用多个安全系数和多个滑动方向，对坡体局部稳定性进行判定的思路和方法。本节基于这一思想，提出了基于DEM的剖面线扫描算法进行安全系数的计算，即不再用单一的安全系数表征岸坡的稳定状态，而是在沿滑动方向选取一组覆盖整个滑移型塌岸体的剖面线，然后依据极限平衡理论，分别计算每一条剖面线所在位置的安全系数；同时，这组剖面线的间隔可根据需要进行加密或抽稀，最终形成覆盖塌岸区的多个安全系数，表达该区域的整体和局部的稳定状态。

与传统的二维条分法相比，剖面线扫描算法仍然以极限平衡法为基础，不同的是，二维条分是指将实际的三维边坡简化在一个二维垂直剖面上进行计算，而剖面线扫描算法则将三维边坡简化在一组二维垂直剖面上分别进行计算。因此，剖面线扫描算法在计算过程中应用了传统二维条分法的理论，并同时包含了二维条分法的计算结果。基于DEM的剖面线扫描算法具有以下一些应用上的优势：

（1）用一组安全系数表征边坡的稳定状态。基于DEM的剖面线扫描算法是将沿滑动方向的剖面线按一定距离间隔均匀布置在二维平面视图上，利用二维状态下的极限平衡方法，计算每条剖面线上的安全系数，能够表达边坡的整体与局部稳定状态。

（2）降低了对滑动方向的要求。对于规模较大的潜在滑坡或塌岸而言，其滑动方向可能不止一个，这与其所受的库水作用、岸坡物质等有关，因此，基于DEM的剖面线扫描算法也可应用于方向不唯一的岸坡稳定性计算中。

（3）可用于区域稳定性评价。以安全系数的方式表达区域的稳定状态，实现区域稳定性分区，但必须要求以高分辨率DEM为基础，以便能够在较小的空间尺度下准确快速地获得地形剖面信息。

图4.15展示了基于DEM的剖面线扫描算法进行滑移型塌岸安全系数计算的过程。即图4.15（a）所示，首先沿滑动方向绘制主剖面线，按二维条分法原理，计算安全系数如图4.15（a）所示；然后沿与滑动方向平行的方向生成一组

剖面线，并按二维条分法原理，逐个计算安全系数，如图4.15（b）所示。

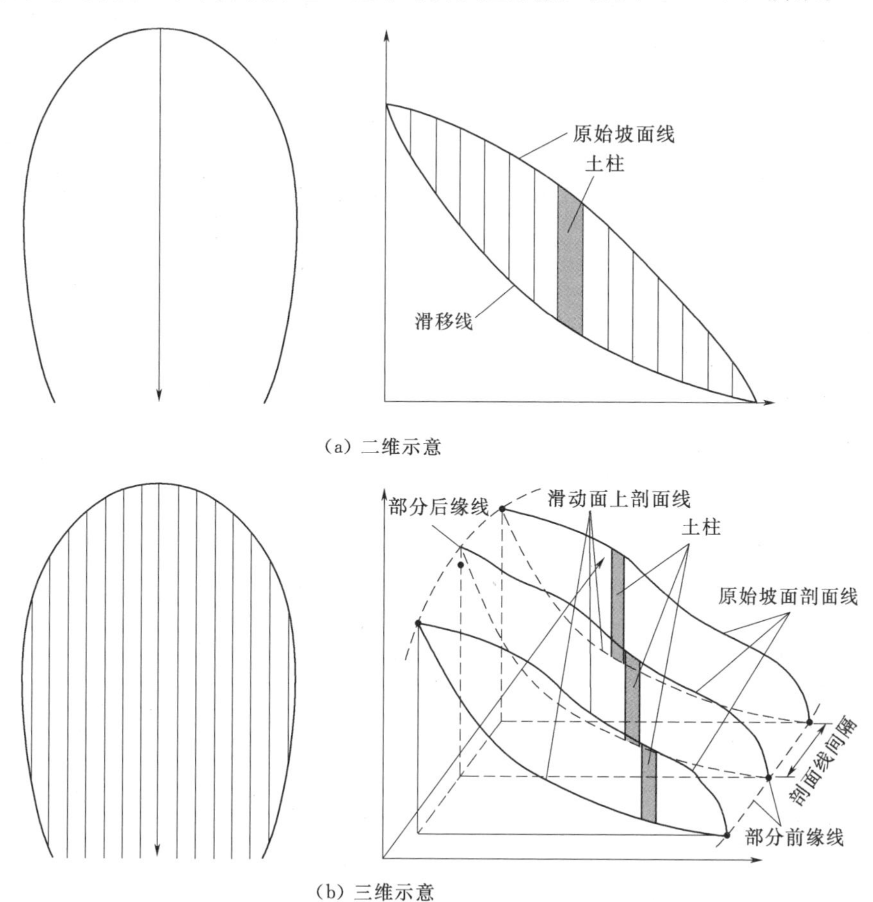

(a) 二维示意

(b) 三维示意

图4.15　剖面线扫描算法示意图

4.2.2　基于毕肖普法的剖面线扫描算法的实现

4.2.2.1　毕肖普法的基本原理

毕肖普条分法假定滑动面为圆弧面，它考虑了土条侧面的作用力，并假定每个土条底部滑动面上的抗滑安全系数均相同，即等于滑动面的平均安全系数，毕肖普法的公式通过有效应力法推导得到，同时可采用总应力分析得到（卢廷浩，2005；陈祖煜，2003，李增亮等，2009；李亮等，2012）。

任取一土条 i，其上的作用力有土条自重 W_i；作用于土条底部的切向抗剪力 T_i、有效法向反力 N_i'、孔隙水压力 u_il_i；在土条两侧分别作用有法向力 E_i 和 E_{i+1} 及切向力 X_i 和 X_{i+1}，令 $\Delta X_i=X_{i+1}-X_i$，如图4.16所示。

由竖直方向上力的平衡条件和整个滑动体对圆心 O 的力矩平衡条件，可

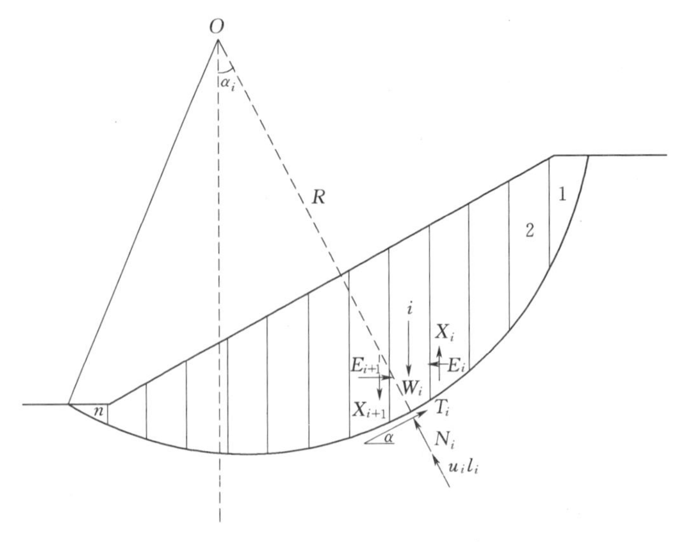

图4.16　二维毕肖普法受力分析

得到毕肖普法安全系数计算公式为：

$$F_s=\frac{\sum\frac{1}{m_i}[c_i'b_i+(W_i-u_ib_i+\Delta X_i)\tan\varphi_i']}{\sum W_i\sin\alpha_i} \tag{4.9}$$

该式中 ΔX_i 为未知量，为使问题得解，假设 $\Delta X_i=0$，即忽略条间作用力，并已证明，该假设对安全系数的影响很小，仅为1%左右，得到简化后的毕肖普法求解公式：

$$F_s=\frac{\sum\frac{1}{m_i}[c_i'b_i+(W_i-u_ib_i)\tan\varphi_i']}{\sum W_i\sin\alpha_i} \tag{4.10}$$

相应地，根据总应力分析得到简化的毕肖普公式为：

$$F_s=\frac{\sum\frac{1}{m_i}[c_ib_i+W_i\tan\varphi_i]}{\sum W_i\sin\alpha_i} \tag{4.11}$$

其中

$$m_i=\cos\alpha_i+\frac{\tan\varphi_i}{F_s}\sin\alpha_i$$

用简化毕肖普法公式进行计算时，因公式右侧 m_i 中也有安全系数 F_s，所以需要进行迭代计算。

4.2.2.2　应用毕肖普法的剖面线扫描算法的实现

本节在Visual Studio 2010可视化开发平台之上，嵌入AE开发组件，完成了简化毕肖普法的实现，具体步骤如下：

（1）构建剖面线。沿主滑动方向选择主剖面，在潜在塌岸体多边形范围，沿垂直主滑动方向主剖面线左右两侧25m距离间隔构造剖面线，如图4.17

所示。

（2）滑动面搜索与安全系数计算。构造生成剖面线组合之后，对每一条剖面线，构造试算圆弧滑动面，并进行条柱划分，再通过二维毕肖普法计算每个试算滑动面上的安全系数，最终比较得出最小安全系数及其对应的二维圆弧滑动面的位置。在载入毕肖普法计算所需参数过程中，不仅要考虑不同的土体，还要考虑600m水位线对岸坡稳定性的影响，计算时采用不同的参数，本算法可实现两种方式的参数载入，即文件载入方式和键盘输入方式，可在竖直方向对土体进行水平分层，如图4.18所示。

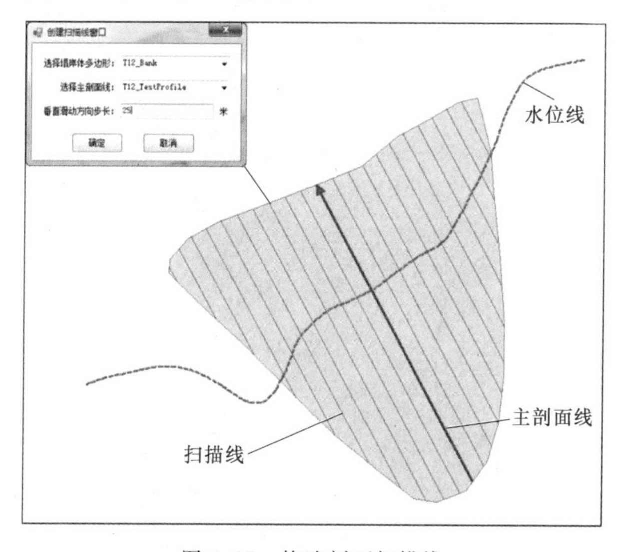

图4.17　构造剖面扫描线

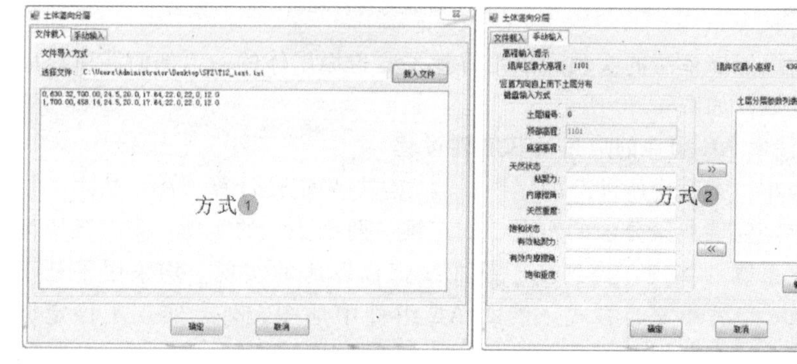

(a)方式1：文件载入　　(b)方式2：手工输入

图4.18　土体分层参数的载入

通过迭代运算，可获得每一条剖面线所对应的最小安全系和最危险滑动面。为便于说明，图4.19展示了主剖面线所对应的最危险圆弧滑动面以及原始剖面线。其中，AB 所在的圆弧为临界圆弧滑动面，AB 所在的曲线即为主剖面线对应的实际剖面线，$A'B'$ 为主剖面线，AA' 和 BB' 所在线段的长度，即为 A' 和 B' 点处的高程。这一过程是在 AE 组件的地图控件中完成的，采用这一设计思路的优势在于，最小安全系数的计算和圆弧滑动面的搜索均可在同一界面下完成，通过将 AB 所在圆弧滑动面上点投影到 $A'B'$ 之上后，计算 AB 上点对应 $A'B'$ 上点之间的距离，即可获得该点的高程，为之后的体积计算和三维点构造提供了方便。在上一节中，三维球面上点的构造也采用了这一思路。

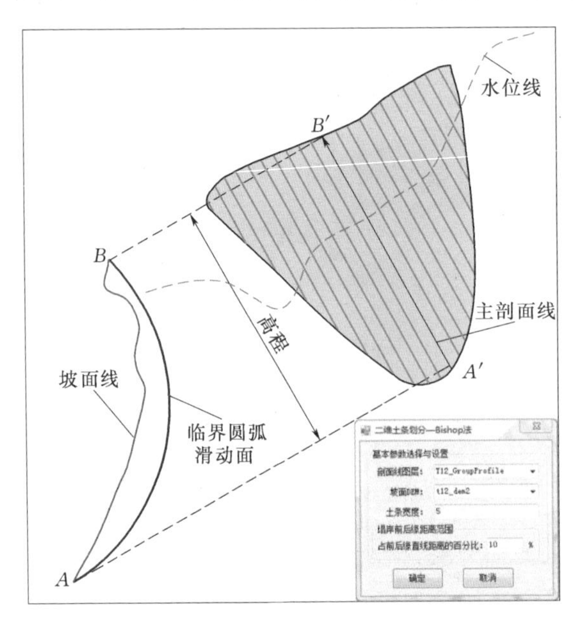

图 4.19　AE 地图控件中进行安全系数的计算和滑动面的搜索

通过剖面线扫描算法的实现，最终得到了覆盖塌岸体的一组剖面线所对应的一组安全系数，如图 4.20 所示。

4.2.2.3　算法中 AE 组件的应用及其实现过程

到目前为止，本章中所涉及的塌岸预测方法与稳定性计算方法，从水下稳定坡角的获取，到瑞典条分法的实现，到三维“两段法”的实现，到三维毕肖普法计算安全系数的实现，再到基于剖面线扫描算法的实现，均采用了基于 ArcGIS Engine 二次开发的方式，借助 AE 组件中地图控件，实现了稳定坡角、塌岸线、二维圆弧滑动面、三维球形滑动面等的计算与绘制。其优势是集成塌岸预测和岸坡稳定性计算于地理信息系统软件平台之中，计算过程中实现了参数化与可视化，使得塌岸单体预测与稳定性计算的成果能够应用于区域塌岸风险评价之中。但在实现过程中，需关注以下主要问题：

(1)“两次投影”的问题。在 AE 组件中用 (x_i, y_i, z_i) 表示三维空间中

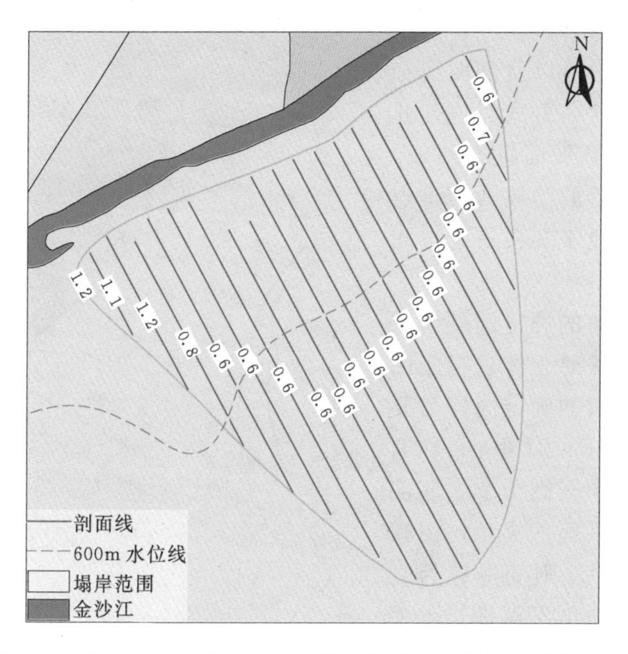

图 4.20　最小安全系数对应剖面线（根据试验数据的计算结果）

的一个点，z_i 代表了二维平面坐标点（x_i，y_i）处的高程，而对于一个岸坡而言，二维极限平衡法是在竖直方向上的剖面空间，即沿 AE 的地图控件中与 Z 轴平行的二维平面空间，两者虽然均是二维状态下的展示方式，却具有不同的含义。因此，要将 XY 平面上的点转换到与 Z 轴平行的平面上的问题，则需要进行相应的转换，并且也需要将与 Z 轴平行的平面上的计算结果在 XY 平面进行展示，同样需要做转换，这就是一个“两次投影”的问题，即将三维问题转化到二维进行解决。

如图 4.21 所示，主剖面线 $A'B'$所在的直线在将 XY 平面分割为上下两个半平面，通过对线段 $A'B'$进行等间距分割，获得一组图切剖面线 $A'B'$上的点，这些点通过 DEM 插值计算可得到其所在位置的高程。以这些高程值为距离，结合沿垂直 $A'B'$方向的角度，即可构造出下半平面原始坡面上的一组点。如果采集的点足够密集，便可得到实际剖面线 AB。AB 上点在 AE 地图控件中的坐标没有实际意义，存在实际意义的是这些点与图切剖面线 $A'B'$上对应点的距离，即点的高程，hh'为点 A'处的高程。由 $A'B'$上点到 AB 上点的投影过程即所谓的“一次投影”。通过毕肖普法搜索得到临界滑动面之后，即 AB 所在的圆弧生成之后，此时的圆弧位置以及圆弧上点的位置，均没有实际意义，只有将其重新投影至 $A'B'$并计算相应点之间的距离，即高程，才能确切表达滑动面的空间位置，hh''为按圆弧失稳滑动后 A'的高程，这就是所谓“二次投影”。三维“两段法”、三维球形滑动面的构造以及剖面线扫描算法均采用这一方式完成，并最终投影到 XY 平面进行展示，由于两次投影后的结果为三维点集合，因此也便于其在三维空间上的展示。

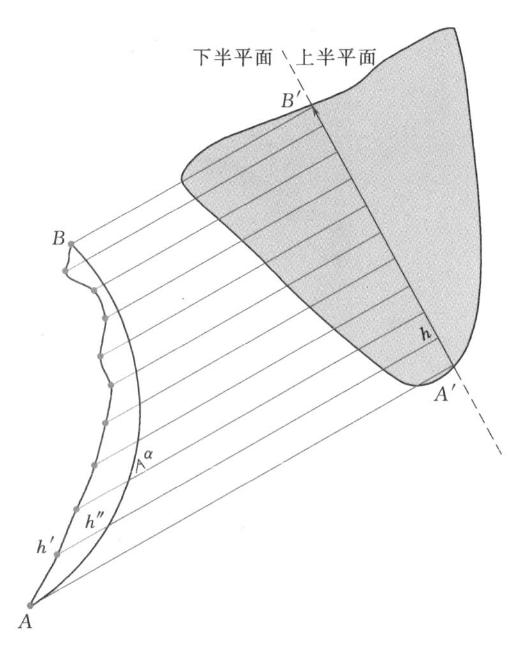

图4.21　AE地图控件中二次投影过程

（2）滑动角的确定问题。在应用极限平衡法对土体进行竖向条分时，滑动角的确定同样需要进行转换，如图4.21中 α；在通常的二维计算中，则为土条底部切线方向与水平面的夹角，但在AE地图控件中，则变得较为复杂。首先，滑动角不再是与水平面的夹角，而是与剖面线 $A'B'$ 的夹角；其次，在AE地图空间，线段均是有方向的，如图4.22所示，正北方向为90°，正南方向为－90°，正西方向为180°，正东方向为0°。以图4.21中图切剖面线 $A'B'$ 为例，若 $A'B'$ 方向角为120°，那么 $B'A'$ 的方向角则为－60°。同时还要注意，AE地图控件的角度采用弧度制，在计算中要做相应的转换。因此，在确定滑动角时，首先要确定其所在的象限，然后再与剖面线 $A'B'$ 的方向角运算得到。

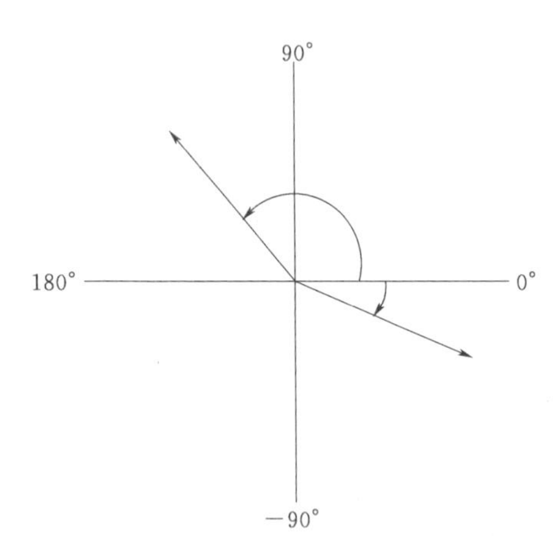

图4.22　AE地图控件中的角度

（3）土体分层的问题。在对水库涉水岸坡进行稳定性计算时，即使对于均质的土体而言，也被水库蓄水位线分割为水上和水下两个部分，所以，对土体进行水平分层是所有涉水岸坡都会涉及的问题。对单一土条而言，其被土层分界线和600m正常蓄水位线分割形成多个土层，如图4.23所示。这就涉及两个问题：第一是土体重力的计算，这里用到了“两次投影”中的第一次投影的问题，即将剖面线 $A'B'$ 上的点投影到土层分界线和600m正常蓄水位线上，并计算其长度，以此来判断其是否落入由圆弧滑动面和原始坡面所围成的土体之中，然后判断其落入的土层以及是否在水位之下，最终确定其应该采用的参数；第二是迭代计算中的参数问题，由于在迭代计算中涉及内摩擦角 φ，但土体为分层土体，因此同样要判断土条底部落入哪一个土层中，则采用该土层的 φ 值进行计算。

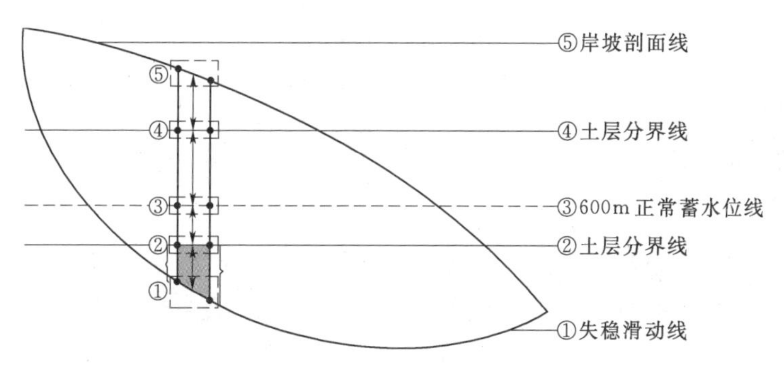

图 4.23 土体分层计算

（4）出口和入口的设置问题。由图 4.17 和图 4.20 对比可知，计算后得到剖面线与初始采用的图切剖面线并不一致，主要原因是在计算中进行了滑坡出口和入口区间的设置，即以图切剖面线的某一比例长度作为滑坡出口与入口的区域，在该区域内按一定距离间隔采点，重新组合生成新的图切剖面线，并计算新的剖面线上的安全系数，最终比较得到最小安全系数及其对应的图切剖面线。若固定滑坡出口点和入口点，所构造的圆弧集合是一组同心圆弧，容易遭遇局部极值的陷阱。进行滑坡出口和入口的区间设置，增大了搜索区域，能尽量避免局部极值问题。

4.2.2.4 应用实例

通过对塌岸体稳定性计算方法的研究，本节针对研究区滑移型塌岸，从以下三个方面进行案例分析。

1. 滑动面未知的堆积层岸坡稳定性计算

基于 DEM 的剖面线扫描算法，适用于堆积层岸坡中的塌岸或滑坡，以赵官营房滑坡为例，对滑坡稳定性进行计算，并对计算结果（图 4.24）进行分析。

赵官营房滑坡位于云南省永善县务基乡青龙村境内，金沙江右岸青龙嘴，距坝址 25.6km。区内地形较平缓，发育Ⅱ～Ⅲ级阶地，滑坡中部隆起呈小丘状，后部凹陷，高差约 15m。滑坡区位于北东向石板滩背斜南西端，西侧为南北向峨边-金阳断裂带的分支断裂——硝滩断层，产状为 270°∠70°。区内出露地层为奥陶系中统（O_2）灰岩、白云岩、泥质灰岩，岩层产状 130°∠11°。滑

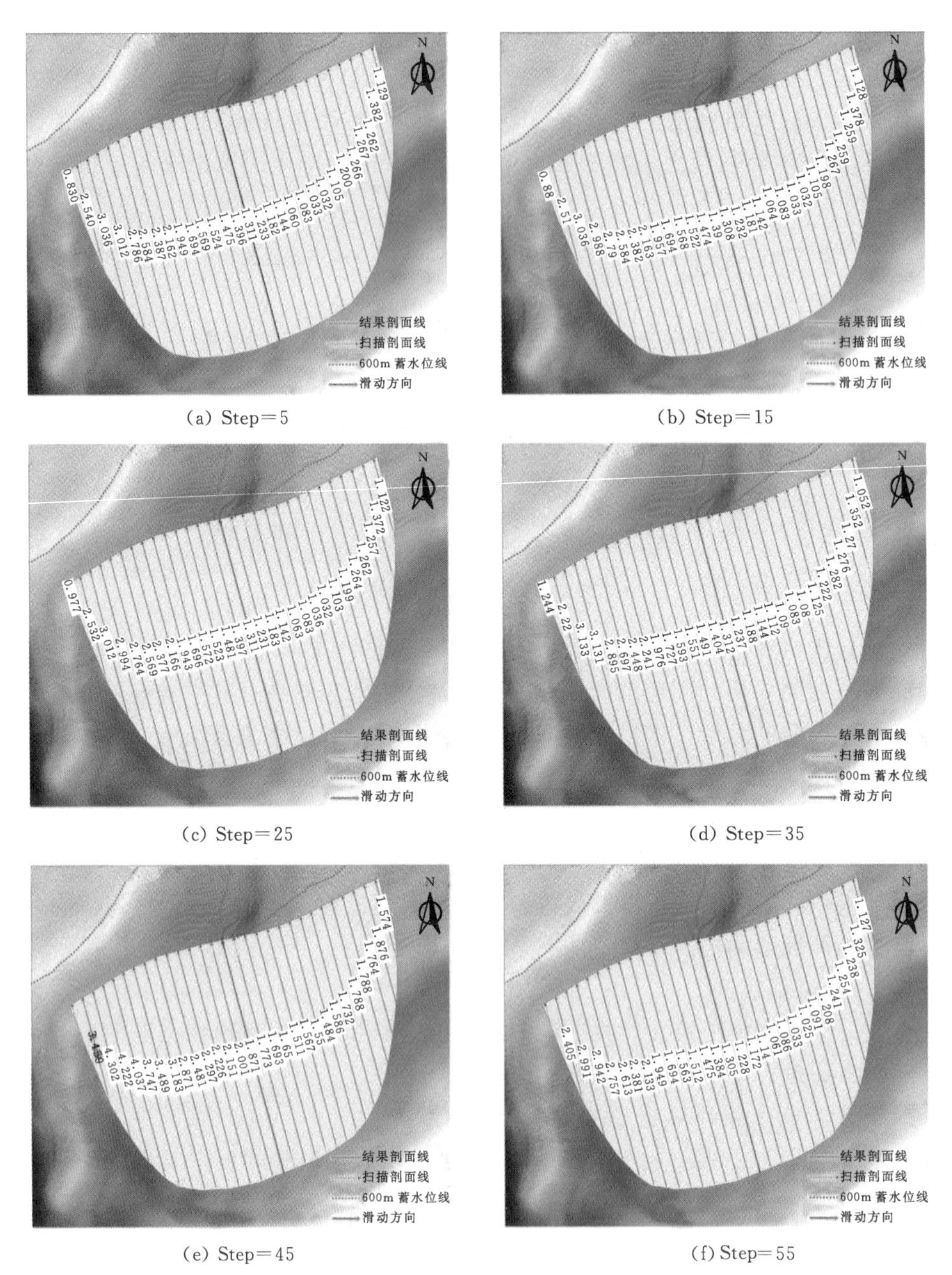

(a) Step=5　(b) Step=15

(c) Step=25　(d) Step=35

(e) Step=45　(f) Step=55

图 4.24　基于剖面线扫描算法的安全系数计算结果

坡前缘高程600m，后缘高程740m，滑体厚20～30m，滑动方向350°。滑体物质为灰黄色碎石土，碎石含量40%～50%，松散—稍密，碎石粒径一般为5～10cm，棱角状。滑体前缘为冲洪积、磨圆度差的砂砾石。赵官营房滑坡后壁

陡崖之上为凉台村滑坡，凉台村滑坡为一高剪出口滑坡，滑体碎石土在重力作用下堆积于陡崖之下，其再次滑动形成赵官营房滑坡。其天然状态下的抗剪强度指标为：$c=17.0\text{kPa}$，$\varphi=17°$，容重 $\gamma=19.5\text{kN/m}^3$。

通过对图 4.24 中计算结果的分析，可得到以下两个方面的结论：

（1）条柱间隔的设置。条柱间隔为 5m、15m 和 25m 时，每条剖面线上安全系数虽然有变化，但变化量不大，当条柱间隔增大到 35m 时，安全系数变化较大，特别是对于长度较短的剖面线上安全系数的计算结果影响较大，当条柱间隔达到 45m、55m 时，一些剖面线因长度较短而无法进行计算。针对本实例而言，25m 的条柱间隔即可满足计算要求，小于 25m 的计算精度不会有较大改善，大于 25m 则可能造成数据异常，且计算精度降低。因此，在应用剖面线扫描算法时应根据实际情况设置条柱间隔，以避免异常数据的出现。

（2）剖面线间隔与方向设置。基于剖面线扫描算法旨在能够采用更详细的安全系数表达方式，本实例展示的是剖面线按一定距离间隔批量生成的情况，如果一个大型堆积体上存在多个滑动方向时，也可按指定方向进行计算。

2. 滑动面已知的水库涉水岸坡稳定性计算

基于 DEM 的剖面线扫描算法适用于大型堆积体内发生的岸坡失稳状况，同样也可应用于岸坡稳定性的计算。研究区内涉水岸坡如干海子、付家坪子和大茅坡滑坡等，为堆积层顺基岩层面或基覆界面的滑坡，通过野外调查，已基本查明二维滑动面位置，并用 GeoSlope 软件进行了 600m 蓄水条件下的稳定性计算。表 4.3 为三个滑坡滑带土天然状态和饱和状态下的抗剪参数。

表 4.3　　三个滑坡滑带土天然状态和饱和状态下的抗剪参数

编号	名称	天然状态			饱和状态		
		c/kPa	φ/(°)	γ/(kN/m³)	c/kPa	φ/(°)	γ/(kN/m³)
1	干海子滑坡	25	22	23.5	20	17.6	25
2	大茅坡滑坡	17	17	19.5	15	15	20
3	付家坪子滑坡	28	22	19.5	25	17.6	20

本节基于 DEM 剖面线扫描算法计算该类岸坡的安全系数时，仅针对一条主剖面线上进行计算即可，计算结果与商业化软件的计算结果进行比较，证实了该方法的可靠性。

付家坪子滑坡计算过程如图 4.25 所示。首先根据 DEM 与图切剖面线，生成原始坡面线，并绘制辅助线，通过 ArcGIS 平台下的矢量数据编辑工具，依据野外工作成果，绘制滑动面，考虑 600m 蓄水位线时库水对岸坡的作用，即将岸坡分为水上和水下两个部分，进行岸坡分层计算，最终计算得到付家坪子滑坡的安全系数为 0.957。

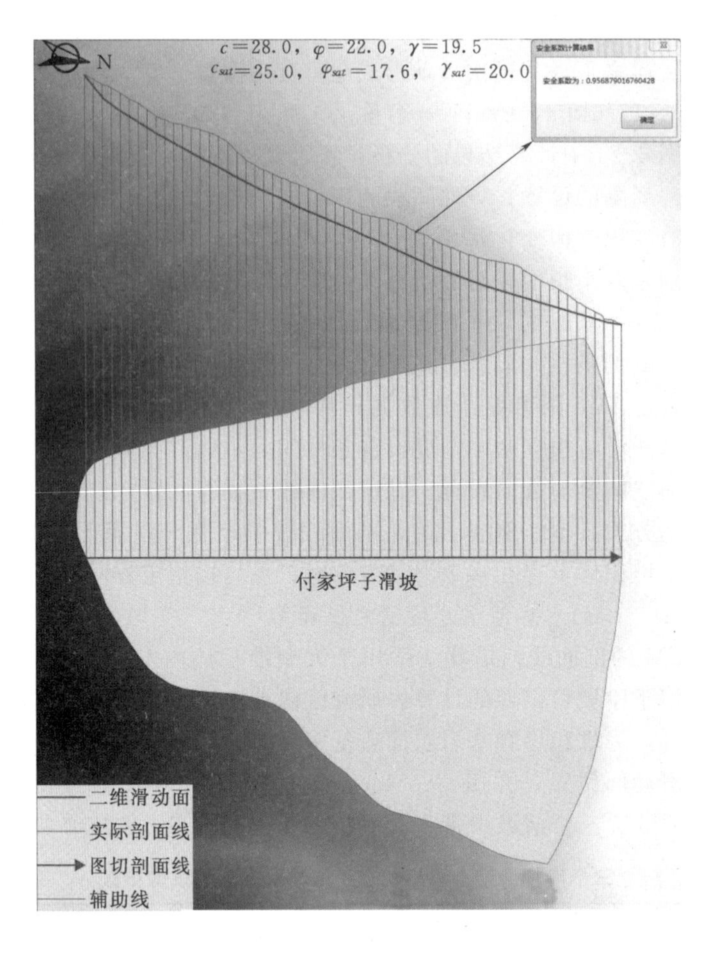

图 4.25　付家坪子滑坡稳定性计算

采用同样的方法对干海子滑坡和大茅坡滑坡分别进行了计算，如图 4.26 所示。三个滑坡的计算结果与 GeoSlope 软件中采用 M-P 计算结果相比基本吻合，见表 4.4。偏差主要是由于滑动面位置误差引起的。本节提出的算法最大优势是可以方便地获取计算岸坡稳定所需的剖面线，便于进行极限平衡计算。

表 4.4　　计算结果的比较

编号	名称	600m 蓄水条件	
		GeoSlope 中 M-P 法	基于 GIS 的毕肖普方法
1	干海子滑坡	1.12	1.052
2	大茅坡滑坡	1.14	1.195
3	付家坪子滑坡	0.95	0.957

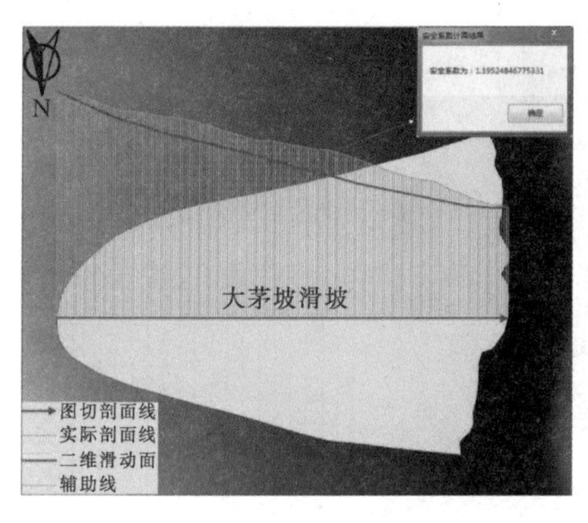

(a) 大茅坡滑坡

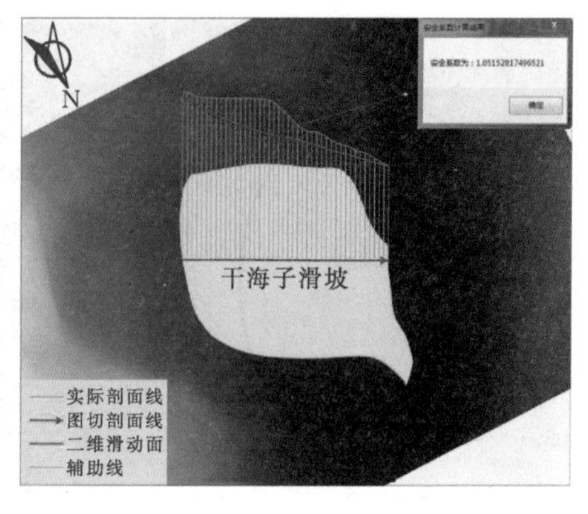

(b) 干海子滑坡

图 4.26 大茅坡滑坡和干海子滑坡稳定性计算结果

3. 三维滑动面已知的水库涉水岸坡稳定性计算

针对典型滑坡，需要开展较详细的工作。例如，通过钻孔数据反映滑体特征、滑带深度等，若能够获得一定量的钻孔数据；根据其所反映的滑带深度，进而获得钻孔处的高程，再添加一些辅助信息，如可参照三维毕肖普法构造三维圆弧滑动面，获得离散点高程信息；最终将这些点融合在一起以插值的方式，构建滑动面DEM数据。结合原始坡面DEM，同样可以采用剖面线扫描算法对滑体上任意剖线上的安全系数进行计算。

以三维毕肖普法构建三维球形滑动面所形成的滑动面DEM为例对这一情况进行说明，在实际计算中可将钻孔信息参与到DEM的生成过程中，完成滑动面DEM的构造。基于图切剖面线，通过DEM插值得到两条剖面线，即原始岸坡线和二维滑动面，再通过二维毕肖普条分法计算安全系数。在构建三维球形滑动面时，以老木沟塌岸体为例，对这一情况进行说明，如图4.27所示。首先通过三维点构建三维滑动面，然后根据原始DEM和新生成的滑面DEM，给出沿滑动方向的剖面线，即可计算该剖面线上的安全系数。

4.2.3 基于简布法的剖面线扫描算法的实现

与毕肖普法不同的是，简布法不仅适用于圆弧滑动面的情况，同时也适用于非圆弧滑动面的情况，且考虑了土条间的作用力。对任意已知滑动面的边坡，划分土条后，简布法假定条间力合力作用点位置已知（马捷等，2010；蔡志远等，2012）。一般可假定其作用于土条底面以上1/3高度处，这些作用点连线成为推力线。取任一土条时，其上作用力如图4.28所示，图4.28中 h_{1i} 为条间力作用点的位置，α_i 为推力线与水平线的夹角，这些均为已知量。

由每一土条竖直方向上力的平衡条件可得：

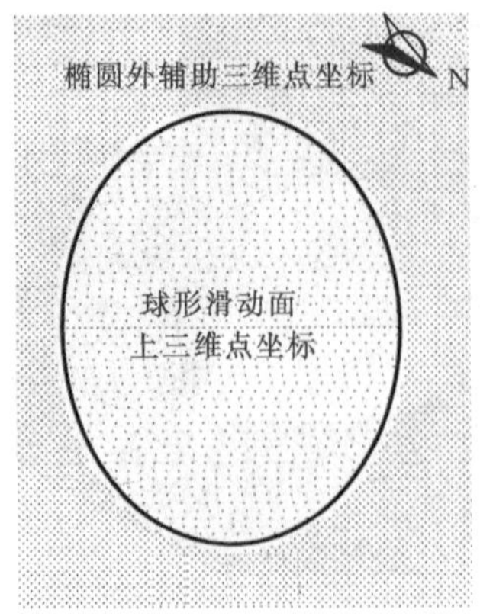

(a) 构建球形滑动面上的三维点

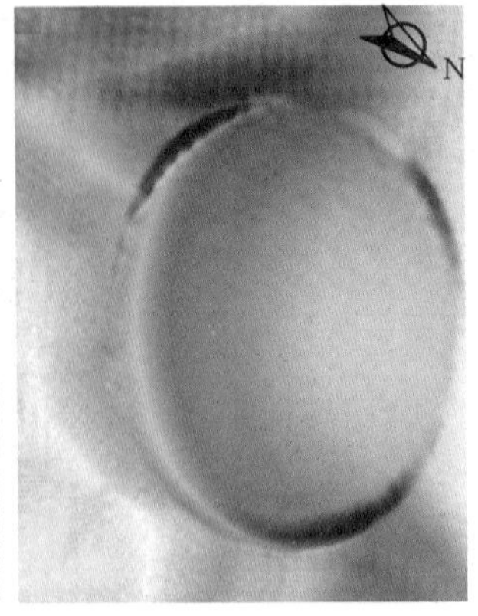

(b) 插值生成滑动面 DEM

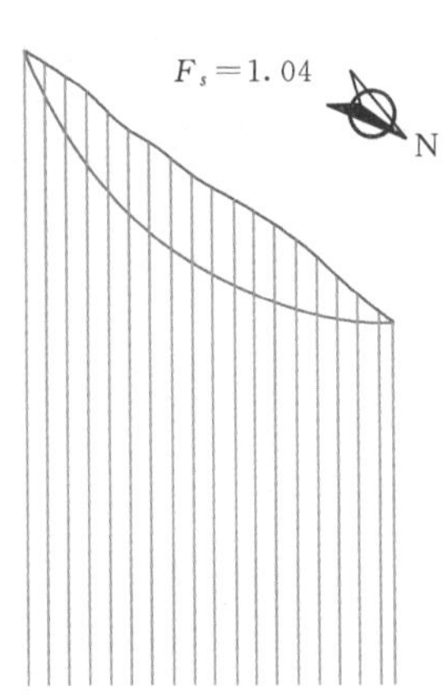

(c) 计算沿滑动方向的剖面线上的安全系数

图 4.27　已知三维滑动面时剖面线上稳定性计算

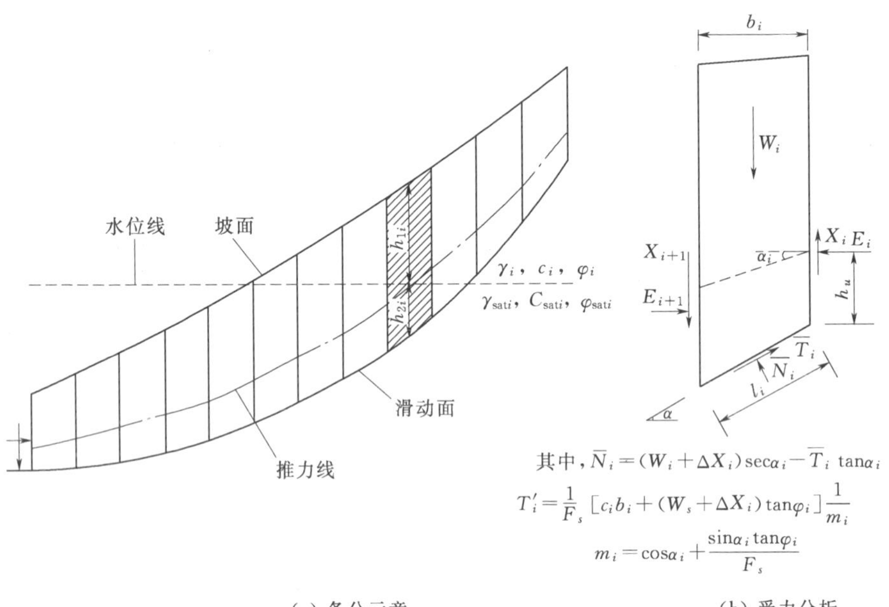

(a) 条分示意　　　　(b) 受力分析

图 4.28　简布法原理

$$\overline{N_i}\cos\alpha_i=W_i+\Delta X_i-\overline{T_i}\sin\alpha_i \tag{4.12}$$

由每一土条水平方向上力的平衡条件可得：

$$\Delta E_i=\overline{N_i}\sin\alpha_i-\overline{T_i}\cos\alpha_i \tag{4.13}$$

将式（4.12）中的$\overline{N_i}$代入式（4.13）可得：

$$\Delta E_i=(W_i+\Delta X_i)\tan\alpha_i-\overline{T}_i\sec\alpha_i \tag{4.14}$$

再对土条 i 底面中点取力矩平衡，并略去高阶微量，得到：

$$X_i b_i=-E_i b_i\tan\alpha_i+h_{ti}\Delta E_i \tag{4.15}$$

由边界条件 $\Delta E_i=0$，根据式（4.15），对所有土条而言：

$$\sum[(W_i+\Delta X_i)\tan\varphi_i]-\sum\overline{T_i}\sec\alpha_i=0 \tag{4.16}$$

利用安全系数的定义和摩尔-库仑准则，可得：

$$\overline{T_i}=\frac{\tau_{fi}l_i}{F_s}=\frac{c_i b_i\sec\alpha_i+\overline{N}_i\tan\varphi_i}{F_s} \tag{4.17}$$

将式（4.12）和式（4.17）联立可得：

$$\overline{T_i}=\frac{1}{F_s}[c_i b_i+(W_i+\Delta X_i)\tan\varphi_i]\frac{1}{m_i} \tag{4.18}$$

其中
$$m_i=\cos\alpha_i+\frac{\tan\varphi_i}{F_s}\sin\alpha_i$$

将式（4.18）代入式（4.15）可得到简布法的计算公式：

$$F_s=\frac{\sum[c_i b_i+(W_i+\Delta X_i)\tan\varphi_i]\frac{1}{\cos\alpha_i m_i}}{\sum(W_i+\Delta X_i)\tan\alpha_i} \tag{4.19}$$

在该公式的计算安全系数的过程中，同样需要使用迭代法，步骤如下：

（1）假设 $\Delta X_i=0$。相当于简化毕肖普法，由式（4.19）计算安全系数。这时需对 F_s 进行迭代：先假定 $F_s=1$，算出 m_i 代入式（4.19）重新求出 F_s，与假定值比较，如相差较大，则用新的 F_s 值求出 m_i 再计算 F_s，如此逐步逼近求出 F_s 的第一次近似值，并用这个 F_s 算出$\overline{T_i}$。

（2）用$\overline{T_i}$值代入式（4.14），求出每一土条的 ΔE_i，从而求出每一土条侧面的 E_i，再由式（4.15）求出每一土条侧面的 X_i，并求出 ΔX_i。

（3）用新求出的 ΔX_i 重复步骤（1），求出 F_s 的第二次近似值，并以此重新算出每一土条的$\overline{T_i}$。

（4）重复步骤（2）和（3），直到 F_s 收敛于给定的容许误差值以内。

简布法基本可以满足所有的静力平衡条件，但其推力线的假定必须符合条间力的合理性要求（即土条间不产生拉力和不产生剪切破坏）。

与毕肖普法最大的不同是考虑了条间作用力，由图4.29可以解决算法实现过程中计算每个土条所受的条间法向力 E_i 的问题，由 $E_0=0$ 和 $E_n=0$ 可以推导出 $E_1=\Delta E_1$、$E_2=E_1+\Delta E_2=\Delta E_1+\Delta E_2$，依此类推，有 $E_i=\sum_{i=1}^{i}\Delta E_i$，进一步可计算得到每个土条的 X_i。

采用严格的简布法，进行剖面线扫描算法，可能会出现结果不收敛的情况。特别是在采用严格的简布法进行滑动面搜索时容易发生不收敛的情况，主要是由于推力线位置的假设，导致了计算结果的不收敛（赵成，2008）。本节采用简布法时主要针对单一剖面线或较少剖面线的情况，用于进行结果的比较和检验。

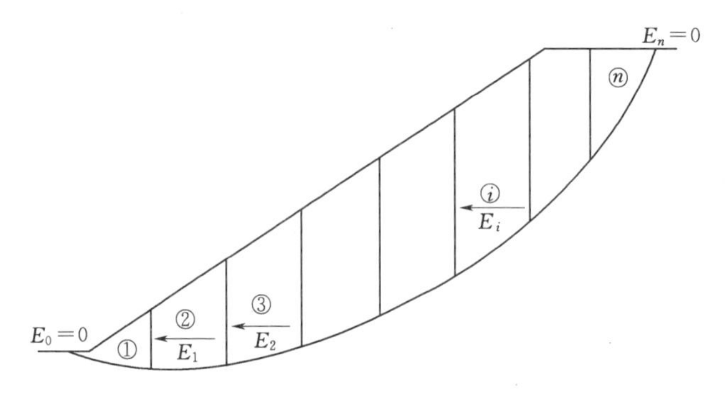

图4.29　条间作用力 E_i 的计算示意

4.3　基于GIS的滑移型塌岸可靠度分析

被普遍接受和广泛应用的极限平衡法，是建立在确定性分析基础之上的，由于其计算过程简便易行、计算结果能满足工程需求，在边坡稳定性分析领域得到广泛应用，在实践中积累了丰富的经验。在边坡稳定性分析中，参数本身存在很大的不确定性。所谓的不确定性或变异性，主要是指对参数真值的观察和量测结果具有不确定性或变异性（谭晓慧，2007；谢桂华，2009）。这些不确性或变异性主要表现在以下四个方面：

（1）土体自身的空间变异性。土体性质受到其矿物成分、埋藏深度、应力历史、含水量和密度等因素的影响，不同类型的土体性质差异很大。即使是同类型的均匀土层，各点处的性质也有差异，这种差异随空间而变化，所以称之为空间变异性。

（2）试验的不确定性。试验不确定性由试验偏差和随机测量误差组成，是在试验过程中由于取样和运送对原状土的扰动、含水量的损失、环境条件等与现场的差异以及试验仪器和方法技术的差异而引起的；

（3）模型的不确定性。模型不确定性是由于计算过程中对所采用的计算模型有目的地简化、理想化或机理尚未了解透彻而造成的，比如将边坡的稳定计算由三维的状态简化为二维剖面状态，在毕肖普法等一些条分法计算时忽略了条间作用力等。

（4）统计的不确定性。统计误差是由于对数据的统计处理而引起的，它会随着统计样本的增加而降低，因此尽可能多地获取统计样本相当重要。

土体参数的不确定性是客观存在的，所以通过确定性方法计算得到的安全系数在很大程度上难以真实反映边坡的稳定状态。在采用确定性的安全系数法进行边坡的稳定性评价时，往往通过选取足够高的允许安全系数作为边坡安全判据来弥补不确定性带来的问题，如英国、加拿大取允许安全系数 $F_s=1.3$，美国大多选取 $F_s=1.2\sim1.3$，我国大多数边坡取 $F_s=1.1\sim1.3$。这种处理方法尽管在一定程度上综合考虑了数据的离散性和计算方法中存在的不确定性所带来的风险，但也存在一些弊端，如允许安全系数的确定是基于工程师的经验判断，带有一定的主观性。在边坡稳定性分析中，引入概率论和数理统计的思想，通过计算边坡的失效概率，对边坡进行可靠度评价，并与确定性方法计算所得安全系数进行比较、验证和综合应用，可以更真实地反映边坡的稳定状况。

目前，采用概率方法对边坡进行可靠度评价还没有得到广泛的应用，主要有四个方面的原因（El-Ramly，2002）：①岩土或地质工程师通常依据个人经验和个人习惯解决边坡稳定性问题，在概率和统计方面的知识相对欠缺，导致他们不愿意采用也不习惯采用概率分析的方法；②目前存在一个误解是采用概率方法要比采用确定性方法耗费更多时间和精力，并且需要更多的数据来支撑；③在大多数已有文献中，虽然采用概率方法进行过稳定性评价，但其优势没有完全体现出来；④概率方法与确定性法的计算联系较少，相对孤立，缺乏对比，或缺乏两者的综合应用。目前常用的可靠度分析方法有一次二阶矩法、概率矩法、响应面法、蒙特卡罗法、随机有限元法等。在这些方法中，从模型的适宜性、实现的难易程度和精度等方面分析，蒙特卡罗法不受分析条件的限制，不考虑极限状态函数是否线性，也不考虑变量分布是否服从正态分布，都可以简明地模拟出边坡系统的主要状态和特征。只要模拟的次数足够多，就能够得到一个相对精确的破坏概率或可靠度指标。因此，蒙特卡罗法具有方法简单、容易实现的优点，主要缺点是模拟次数多、运算量大、收敛速度慢，但随着计算机性能的提高，这一缺陷逐渐被克服。

本节采用蒙特卡罗法进行滑移型塌岸稳定可靠度的分析，并且与之前讨论的基于DEM的剖面线扫描算法相结合，综合多个方面表达滑移型塌岸的稳定状态。

4.3.1 边坡稳定分析的可靠度理论

4.3.1.1 可靠度理论概述

可靠度的研究早在20世纪30年代开始，当时主要是围绕飞机失效进行研究。可靠度在结构工程中的应用大约从20世纪40年代开始，自从1946年Freudenthal发表《结构的安全度》一文以来，人们已充分认识到结构工程中的随机因素以及将概率分析和概率设计思想引入实际工程的重要性。同期，苏联的尔然尼钦提出了一次二阶矩理论的基本概念和计算结构，美国的Cornell在尔然尼钦工作的基础之上，于1969年提出了与结构失效概率相联系的可靠度指标作为衡量结构安全度的一种统一数量指标，并建立了结构安全度的二阶矩模式，也就是中心点法。1973年，加拿大学者Lind建立了二阶矩模式与结构设计表达式的联系，重新确立了二阶矩模式的地位，Lind和Hasofer从几何上对可靠度指标进行了定义，将可靠度指标定义为标准正态空间内坐标原点到极限状态曲面的最短距离，原点向曲面垂线的垂足为验算点。Hasofer-Lind的可靠度指标物理意义更明确，可以很好地描述结构可靠度，但要求所有随机变量都服从正态分布，与很多实际情况并不符合，因此需要通过数学变换来解决。1976年，国际结构安全度联合委员会（JCSS）采用Rackwitz和Fiessler等提出的通过“当量正态”的方法以考虑随机变量实际分布的二阶矩模式，这对提高二阶矩模式的精度具有较大意义。至此，二阶矩模式的结构可靠度表达式与设计方法开始进入实用阶段。总之，从20世纪70年代开始，可靠度方法在结构设计规范中的应用成为可靠度研究的一项重要内容。我国自1984年起，先后完成了第一层次的《工程结构可靠性设计统一标准》（GB 50153—2008）和第二层次的建筑、港口、水利水电、铁路和公路工程结构可靠度设计统一标准的编制工作，并完成了相应结构设计规范的修订。新修订的《建筑结构可靠度设计统一标准》（GB 50068—2017）也已经颁布。这些均说明概率极限状态设计已成为结构设计理论发展的一个重要方向。

随着结构可靠度理论的发展，人们对边坡工程中的不确定性认识逐步深入，边坡工程的可靠度分析也越来越受到重视。可靠度分析于20世纪70年代首次引入边坡工程，将边坡稳定的各种极限平衡法与某种可靠度分析方法（主要是一次二阶矩法、验算点法、蒙特卡罗法等）相结合，从而得到边坡的可靠度指标或破坏概率。1995年，美国科学院下属的美国国家科学研究委员会组成了“岩土工程减灾可靠度方法研究委员会”，该委员会提出了《岩土工程中的可靠度方法》的研究报告，报告指出：“对于可靠度方法在岩土工程中作用的问题，委员会的主要发现是：可靠度方法，如果不是把它作为现有传统方法的替代物的话，确实可以为分析岩土工程中包含的不确定性提供系统的、定量的途径。在工程设计和决策中，采用这一方法来定量地分析这些不确定因素尤为有效。”这一结论充分说明了边坡稳定分析中采用可靠度方法的重要意义。

在我国，边坡可靠性的研究工作开展得较晚。大多数研究文献主要集中在20世纪80年代以后，祝玉学（1993）对岩体边坡随机分析进行了系统的研究，为边坡可靠性分析做了大量的基础研究工作；王家臣（1996）对边坡的可靠性分析进行了较为系统的论述；谭晓慧（2007）将有限元强度折减法应用于

边坡稳定的可靠度分析，研究了基于有限元强度折减法与基于极限平衡条分法（毕肖普法）的可靠分析结果间的关系；陈昌富（2010）基于响应面法建立了一种高效的边坡可靠度指标和失效概率近似计算方法。在边坡可靠度分析中，极限状态方程是建立在边坡安全系数计算的基础上的。

4.3.1.2 失效概率与可靠度指标

对于滑移型塌岸而言，在进行可靠度分析时，要充分考虑库水对岸坡的影响，因此，参考结构可靠度中对失效概率和可靠度指标的定义，并将其引入到塌岸体的稳定性综合评价之中。按照工程结构可靠度设计统一标准，工程结构需满足下列功能要求：

（1）在正常施工和使用时，能承受出现的各种作用。

（2）在正常使用时，具有良好的工作性能。

（3）在正常维护下，具有足够的耐久性能。

（4）在设计规定的偶然事件发生及发生后，能保持必要的稳定性。

在上面规定的结构必须完成的四项功能中，第一项是对结构承载能力的要求，关系到结构的安全性。第二项是对结构正常使用性能的要求，关系到结构能否满足规定的使用要求。这两项对应的极限状态分别称为承载能力极限状态和正常使用极限状态，有明确的标志和限值。第三项是对结构耐久性方面的要求，目前一般从材料选择、设计、施工、养护和使用中维护等方面加以考虑和解决；第四项是对结构坚固性方面的要求，目前一般通过结构选型、要领设计、构造处理等手段解决。

为满足结构各项功能的要求，在具体进行设计或可靠度分析时，要进行必要的数学运算。在这种情况下，需建立描述上述功能的数学函数，即结构功能函数，或称为极限状态函数。如结构的某一功能可用 n 个随机变量 x_1，$x_2,\cdots,x_n$ 表示，则该功能函数可表示为：

$$Z=g(x_1,x_2,\cdots,x_n) \tag{4.20}$$

结构在其使用过程中，可能能够完成要求的功能，也可能不能完成要求的功能。如果结构能够完成要求的功能，则结构处于可靠状态；如果结构不能完成要求的功能，则结构处于不可靠状态或失效状态。结构由可靠状态到不可靠状态需有一个界限，这一界限称为结构的极限状态。极限状态是结构可靠与不可靠的临界状态。工程结构可靠度设计统一标准对结构极限状态的定义是：当结构或结构的一部分超过某一特定状态就不能满足设计规定的某一功能要求时，此特定状态就称为该功能的极限状态。如果对式（4.20）表示的结构功能函数进行描述，则：$Z>0$，表示结构处于可靠状态；$Z<0$，表示结构处于失效状态；$Z=0$，表示结构处于极限状态（图 4.30）。

在结构可靠度理论中，将结构在规定时间内，规定条件下完成预定功能的概率，定义为“结构可靠度”，常以 P_s 表示；反之，为结构的“失效概率”，以 P_f 表示，即：

$$P_s = P(Z > 0) = 1 - \int_{-\infty}^{0} f_z(z)\mathrm{d}z \tag{4.21}$$

$$P_f = P(Z < 0) = \int_{-\infty}^{0} f_z(z)\mathrm{d}z \tag{4.22}$$

式中：Z 为结构的功能函数；$f_z(z)$ 为其概率密度函数。

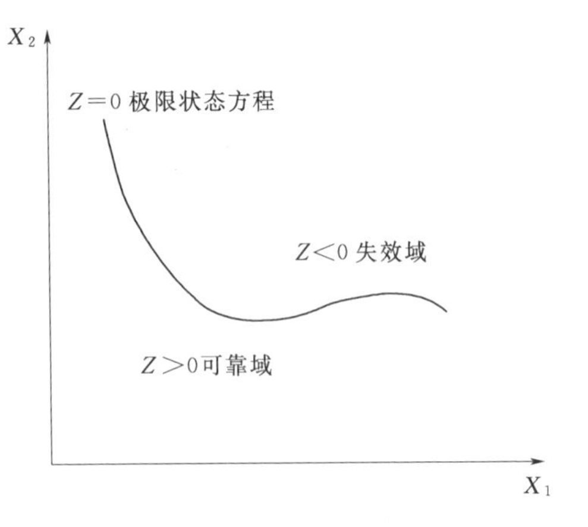

图 4.30　极限状态方程描述

显然，$P_s + P_f = 1$。由于影响边坡稳定可靠度的因素常常为具有不确定性的随机变量，故采用这种概率的表达方式比确定性方法更能合理地描述边坡的真实状态。随机变量的个数越多，上述公式中积分的维数越高，数值计算越困难。因此，需要采用近似方法来评估结构的可靠性，以避开直接计算概率时在数值处理上的困难；同时考虑到结构失效概率是小概率事件，采用可靠概率和失效概率表示结构的可靠性非常不方便，故引入“可靠度指标（β）”来量化结构的可靠性能：β 越大，结构越可靠；反之，结构越不可靠。可靠度指标与失效概率之间的近似转化公式为：

$$P_f = \Phi(-\beta) \tag{4.23}$$

常用的可靠度指标计算方法分为两类：矩法和数值方法。矩法根据随机变量的统计矩来估计功能函数的概率矩，包括中心点法、验算点法和点估计法等。数值方法是近年来随着计算机技术的发展而发展起来的方法，如响应面法、蒙特卡罗法、随机有限元法等。本节以高分辨率 DEM 为基础，将蒙特卡罗法与极限平衡分析法相结合，对岸坡的可靠性进行评价，得到失效概率或可靠度指标，并与安全系数进行比较分析。

4.3.2　塌岸概率分析的蒙特卡罗法

4.3.2.1　蒙特卡罗法概述

蒙特卡罗法，又称随机模拟法或统计试验法，是一种依据统计抽样理论，利用电子计算机研究随机变量的数值方法。在目前的可靠度计算中，蒙特卡罗模拟法是一个相对精确的方法，近年来广泛地应用于机械工程、土木工程、水电工程、边坡工程中。

蒙特卡罗法的基本思想是：若已知状态变量的概率分布，根据结构的极限状态方程 $Z=g(X_1,X_2,\cdots,X_n)=0$，利用蒙特卡罗法产生符合状态变量概率分布的一组随机数 x_1，x_2，…，x_n，将随机数代入状态函数 $Z=g(X_1,X_2,\cdots,X_n)$ 计算得到状态函数的一个随机数。如此用同样的方法产生 N 个状态函数的随机数。如果 N 个状态函数的随机数有 M 个小于或等于零，当 N 足够大时，根据大数定律，此时的频率已近似于概率，因而可得边坡的失效概率为：

$$P_f=P\{g_X(X_1,X_2,\cdots,X_n)\leqslant 0\}=\frac{M}{N} \tag{4.24}$$

如果需要，还可由已得的 N 个 $g(x)$ 值来求均值 μ_g 和标准差 σ_g，从而得到可靠度指标 β。

（1）蒙特卡罗法的主要优点如下：

1）对于实际边坡系统，由于各种因素复杂且多变，很难用一组数学方程来描述，即使在一些假设条件下建立了系统的数学模型，也难以获得解析解。然而，采用蒙特卡罗法，则可对指定边坡、指定条件下边坡的稳定状态进行系统风险分析，使复杂问题得以处理。

2）采用蒙特卡罗法评价边坡可靠度，受问题条件限制的影响较小，其收敛性与极限状态方程的非线性、变量分布的非正态性无关，适应性强。就可靠度计算而言，若随机变量的变异系数大于30%，可靠度指标法的计算结果往往远离精确解。然而，蒙特卡罗法却不受这个约束，而且蒙特卡罗法的计算是通过大量而简单的重复抽样实现的，程序设计与实现均比较简单。

3）蒙特卡罗法的误差只与标准差和样本容量有关，与样本元素所在空间无关，所以它的收敛速度与维数无关；同样，蒙特卡罗法的收敛是概率意义下的收敛，可指出其误差以接近1的概率不超过某个界限，也与维数无关。

（2）蒙特卡罗法也存在一些缺点，主要表现在以下两个方面：

1）蒙特卡罗法只是一种数值计算方法，是一种通过试验求得数值解的方法，应当把它看作一系列的试验过程。

2）由于抽样次数较多，收敛速度较慢，花费机时数较大。

由于计算机技术和计算技术的迅速发展，蒙特卡罗法得到了广泛的发展和应用，为大型复杂边坡工程的可靠性分析提供了一种有效的解决办法。

4.3.2.2　目标函数和极限平衡方程

对于水库岸坡中的黏性土质边坡，蒙特卡罗法采用结构可靠度分析的基本思想和过程是：首先根据土坡的抗剪强度指标等因素，可建立稳定性状态函数（江永红，1998）：

$$Z=g(X_1,X_2,\cdots,X_n) \tag{4.25}$$

式中：X_1，X_2，…，X_n 为 n 个具有一定分布且控制边坡稳定性的随机变量；

Z为稳定性系数。

用蒙特卡罗法随机地从随机变量全体中分别抽取一个样本点，形成X_{1j}，X_{2j}，…，X_{nj}形式的一组样本值，由式（4.25）可算出对应的稳定性系数F_j，如此重复N次，便可得N个相对独立的稳定性系数样本值Z_1，Z_2，…，Z_N。若定义$\{Z \leqslant 1\}$为边坡破坏事件，且在N次抽样中出现该事件M次，则边坡的破坏概率为：

$$P_F = P\{Z \leqslant 1\} = \frac{M}{N} \tag{4.26}$$

此式即为用蒙特卡罗法直接计算出的失效概率。显然，当N足够大时，由Z_1，Z_2，…，Z_N可估计出稳定性系数Z的分布，其均值和标准差分别为：

$$\mu_Z = \frac{1}{N}\sum_{j=1}^{N} Z_j \tag{4.27}$$

$$\sigma_Z = \left[\frac{1}{N-1}\sum_{j=1}^{N}(Z_j - \mu_Z)^2\right]^{\frac{1}{2}} \tag{4.28}$$

研究表明稳定性系数Z通常服从正态分布。若用β表示可靠性指标，并定义：

$$\beta = \frac{\mu_Z - 1}{\sigma_Z} \tag{4.29}$$

则失效概率：

$$P_Z = 1 - \phi(\beta) \tag{4.30}$$

$\phi(\cdot)$为标准正态分布，P_Z与β一一对应，为衡量边坡可靠度的两个重要指标。

4.3.2.3　随机变量的确定

影响边坡稳定性的因素较多，主要包括岩土体强度参数、容重、外部荷载、地震力、水压力（静水压力和动水压力）等。当全部考虑这些因素进行随机分析时，数据采集非常困难，计算模型和计算步骤也将变得非常复杂，计算量非常大，这就给边坡可靠度分析的推广和使用带来了困难。但是在这些影响因素中，对边坡稳定性的影响程度是不同的，所以在进行可靠度分析时，也要对这些因素区别对待，即参数的随机性对边坡稳定性影响程度较低时，则将该参数视为确定性变量；反之，则视为随机变量，进行可靠度分析。

根据前人的试验结果，影响土质边坡稳定性的随机变量中；c和φ值的随机性或不确定性对边坡稳定性的影响最为显著，因此取这两个参数作为随机变量；同时也要考虑两者之间的相关性，从前人的研究来看，两者并非是独立的，而是相关的两个随机变量，这与蒙特卡罗法中，要求随机变量相互独立是相违背的。因此，在应用蒙特卡罗法时应考虑这种相关性（刘明维等，2001；

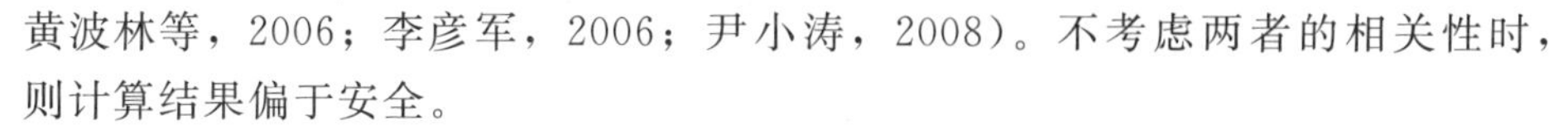

黄波林等，2006；李彦军，2006；尹小涛，2008）。不考虑两者的相关性时，则计算结果偏于安全。

（1）黏聚力 c 值。对黏性土岸坡，则可根据由现场或室内试验得出的黏聚力随机变化范围，通过构造随机函数，控制在这一范围内生成黏聚力的随机变量值。

（2）内摩擦角 φ 值。对黏性土岸坡，同时考虑内摩擦角与黏聚力的相关性和内摩擦角的变化范围，通过两者的结合，构造一组随机变量（c_i，φ_i）用于失效概率的计算。

（3）黏聚力与内摩擦角的相关性。许多研究者在应用蒙特卡罗法进行可靠度分析时，虽然可通过现代先进的计算机技术，完成成千上万次的随机抽样计算，但是无法摆脱两者具有相关性的事实，因此，在将黏聚力和内摩擦角作为随机变量时应考虑两者的相关性，为构造合理的随机变量组合做好准备。

4.3.3 蒙特卡罗法进行典型岸坡失效概率分析

4.3.3.1 典型岸坡的失效概率分析

采用二维毕肖普法计算公式作为失效概率计算的状态函数，已有研究结果表明 c 和 φ 值的随机性或不确定性对边坡稳定性的影响最为显著（吴振君，2009），因此将这两个参数作为随机变量，其他参数则作为确定性变量。

基于毕肖普法原理，通过 GIS 二次开发，实现水库涉水岸坡的安全系数计算和失效概率分析，并将结果进行比较与综合，具体的原理与实施步骤如下：

（1）提取水库岸坡剖面线。基于 2.5m×2.5m DEM 地形剖面数据提取剖面线。

（2）构造辅助线。在辅助线基础上，根据野外调查成果绘制二维滑动面。

（3）基于蒙特卡罗法计算岸坡的失效概率。基于二维毕肖普法，将 c、φ 作为随机数引入，采用蒙特卡罗法，构造随机变量组合，计算得到岸坡失效概率。

在构造随机变量序列的过程中，本节采用随机数函数首先产生（0，1）之间的不重复的随机变量，然后将其转化到 c、φ 的随机变量区间之内，完成不重复随机变量序列的构建，考虑水库 600m 蓄水位线对岸坡的影响，水下抗剪强度指标则根据随机生成 c、φ 值按 0.85 进行折减的方式得到。

以付家坪子滑坡为例，设定天然状态下的 c 值随机变化区间为（18.0，38.0），φ 值的随机变化区间为（12.0，32.0），分别产生相应区间上的随机数，构造随机序列，进行岸坡失效概率计算。由于每次生成的随机数序列均不同，因此采用的方案是：对滑坡进行 6 组模拟，每组模拟时生成 1000 个随机数序列，计算每组模拟的失效概率，然后将得到的6组模拟数据进行比较和综合。

采用GIS二次开发的模式，完成600m正常蓄水状态下的失效概率的计算。图4.31为付家坪子滑坡失效概率的计算结果，进行了6组模拟，付家坪子滑坡失效概率均超过了50%，再与之前计算得到的安全系数0.957综合考虑，该滑坡在600m蓄水条件下处于不稳定的状态。

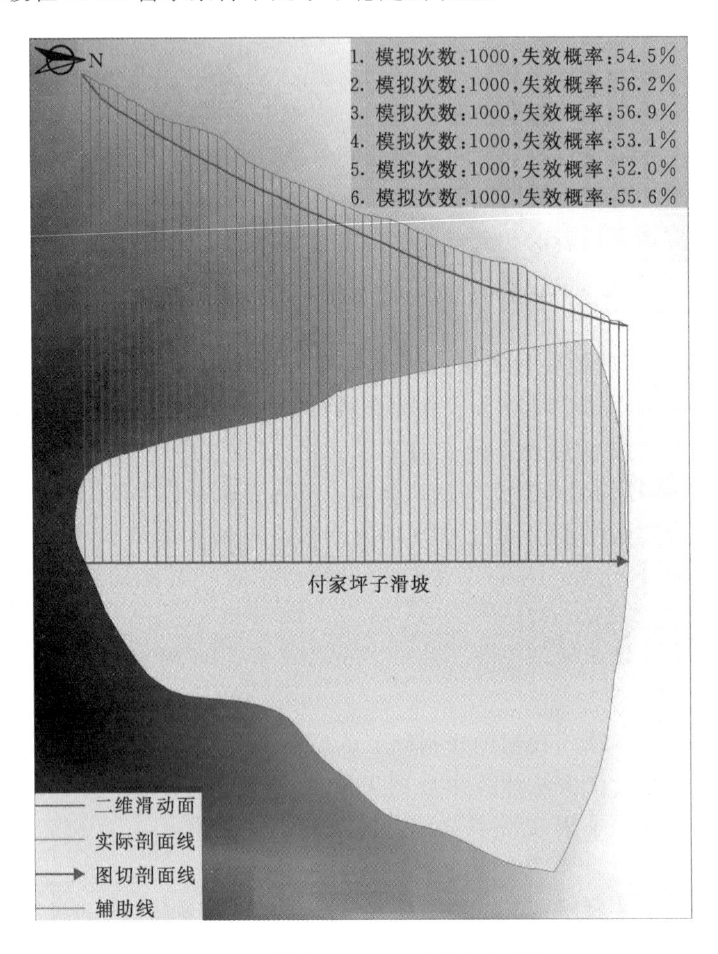

图4.31　付家坪子滑坡失效概率分析

对干海子滑坡和大茅坡滑坡进行了类似的模拟，其中干海子滑坡在天然状态下c和φ的随机变量区间分别为（15.0，35.0）和（12.0，32.0），大茅坡滑坡在天然状态下c和φ的随机变量区间分别为（12.0，25.0）和（12.0，25.0）。图4.32为这两个滑坡的失效概率分析结果。在6组模拟中，干海子滑坡的失效概率为35%～40%，大茅坡滑坡的失效概率为15%～20%，与之前

计算的安全系数1.052和1.195综合进行考虑，再加上现场调查与定性评价，分别对其稳定性做出综合评价。

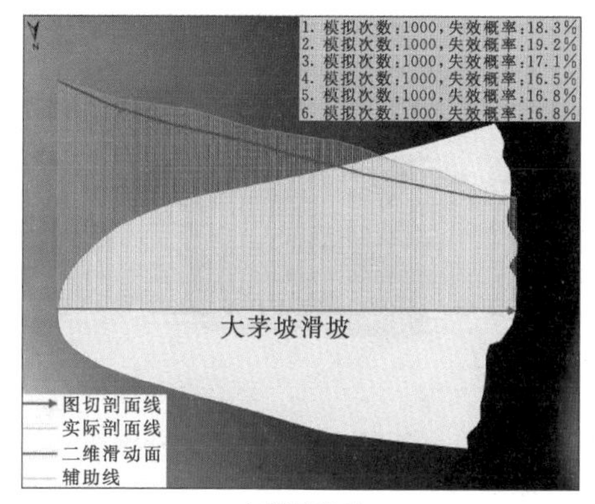

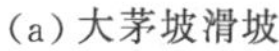
(a)大茅坡滑坡

(b)干海子滑坡

图4.32 大茅坡滑坡和干海子滑坡的失效概率分析

4.3.3.2 随机参数分析

从付家坪子滑坡的6组模拟数据中抽出三组数据，分别是失效概率最小的第5组数据，失效概率最大的3组数据和处于中间状态的第1组数据，将该三组数据中安全系数按由小到大的顺序排列，并绘制安全系数与黏聚力、内摩擦角之间的关系，由图4.33可以看出，内摩擦角与安全系数呈明显的线性正相关，与黏聚力之间的关系则有一定的随机性。因此，内摩擦角对安全系数的贡献相对较大，与实际情况也是符合的。

4.3.4 基于DEM的剖面线扫描算法进行失效概率分析

4.3.4.1 基于剖面线扫描算法计算失效概率的原理

基于DEM的剖面线扫描算法可在一个塌岸体中提取多个剖面进行失效概率计算。其基本原理是：在一个三维边坡上，沿与潜在塌岸体主滑线方向平行的多个剖面进行计算，即每一个剖面可以计算出确定参数状态下的安全系数和随机参数状态下的失效概率。塌岸体被水库蓄水位线分为水下和水上两部分，水下部分采用土体在饱和状态下的土力学参数，水上部分采用天然状态下的土力学参数，并构造随机数序列，对土体参数的随机性进行模拟。同时，随机变量进行模拟时应遵循一定的原则：对同一剖面下的同一类土，以土体的黏聚力c和φ为例，由于饱和与天然状态下的c值是存在密切联系的，因此在设计程序时，需考虑两者之间的联系，即首先随机生成天然状态下的c值和φ值；然后，根据经验值进行折减后分别得到饱和状态下的c值和φ值。由于c值和φ值主要呈现负相关性，因而实际应用时忽略变量间相关性的影响是偏于安全的。

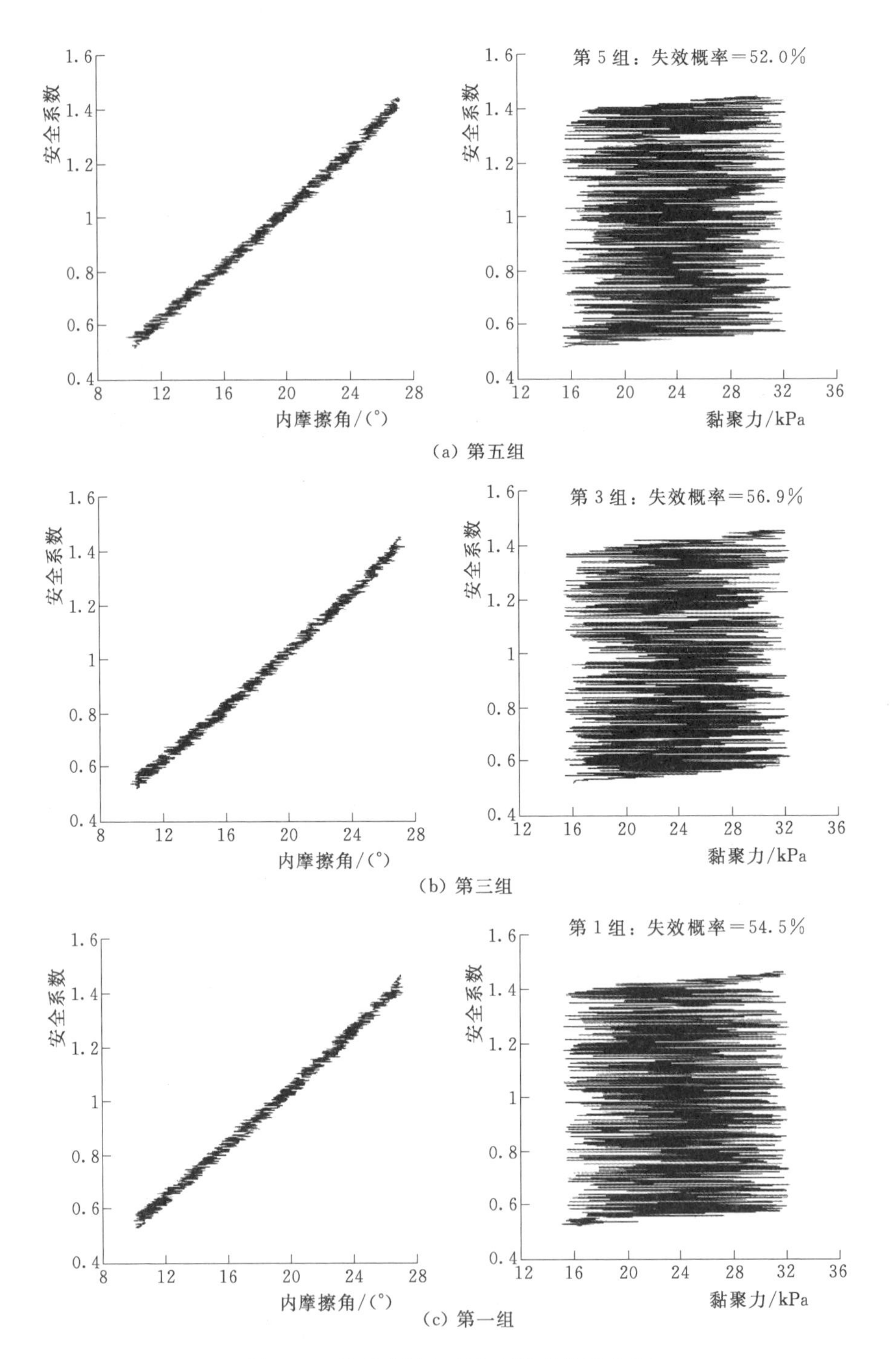

(a) 第五组

(b) 第三组

(c) 第一组

图 4.33　随机参数与安全系数的关系分析

基于 Visual Studio 2010 基础开发平台，分别生成 c 和 φ 的随机数序列，结合 ArcGIS Engine 二次开发组件完成失效概率的计算。

4.3.4.2 基于DEM的剖面线扫描算法的水库岸坡失效概率计算

采用二维毕肖普法的安全系数计算公式作为失效概率计算的状态函数，以 c 值和 φ 值为作为随机变量，通过 GIS 二次开发，实现水库滑移型塌岸的安全系数计算和失效概率分析，并将结果进行比较与综合，具体实施步骤如下：

(1) 提取水库岸坡主剖面线。基于 2.5m×2.5m DEM，以主剖面线为基准向其两侧进行等间隔绘制一组平行剖面线。同样以赵官营房滑坡为例，选取基于剖面线扫描算法计算最小安全系数对应的最危险滑动面，由于模拟次数较多，因此选择五条主要剖面线进行概率分析，如图 4.34 所示。

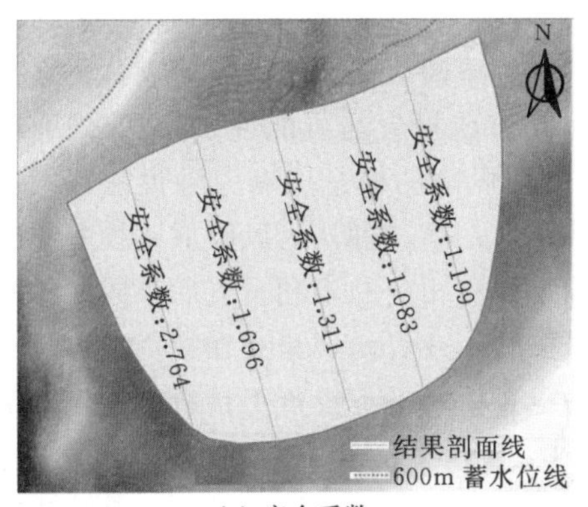

(a) 安全系数

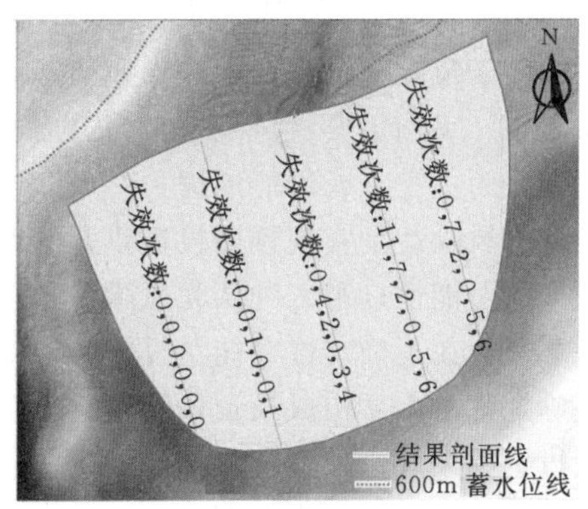

(b) 失效次数

图 4.34 塌岸体上多个剖面上的安全系数与失效次数

(2) 基于蒙特卡罗法计算岸坡的失效概率。将 c、φ 作为随机变量引入，构造随机变量组合，进行蒙特卡罗模拟，计算得到岸坡失稳的概率，并最终生成失效概率在空间上的分布，如图 4.33 所示，其中，c、φ 两个随机变量在天然状态下的变化区间分别为（12.0，25.0）和（7.0，27.0），饱和状态下的参数同样按 0.85 进行折减的方式确定。

由图 4.33 展示的结果可以看出，每条剖面均进行了 6 组模拟试验，每组产生 1000 个随机数序列，每条剖面线上失效次数较少，最多的也只有 11 次，也就是说，最大失效概率为 1.1%，几乎可以忽略不计。单就安全系数来看，该滑坡也基本处于稳定状态，但还需要综合考虑其他因素，最终做出定性评价。

以失效概率分布的方式表达岸坡稳定性的方法也是值得推广的。例如，对于一个较大型的滑坡堆积体而言，只有在地震力等较强的外力加载时，才可能产生整体复活。在库水作用下产生较多的是局部的复活，也可能产生多个方向的复活，因此，采用多个剖面的方式，能够表达岸坡整体与局部的稳定状态。

第5章　水库塌岸风险评价

5.1　水库塌岸风险评价内容与方法

5.1.1　风险评价的基本概念

关于风险的定义，不同专业的不同学者有不同认识，它的定量表达仍在探索之中。韦伯字典将风险定义为“面临的伤害或损失的可能性”。在保险业中则定义为“灾害或可能的损失”。在金融投资风险的概念中有三种说法：第一种认为风险就是实现预期投资收益的不确定性；第二种认为风险应是投资结果损失的可能性；第三种认为风险是与不确定性和相应的不利投资后果同时相联系，只有在不确定性可能给投资者带来损失时，或者说，只有在投资损失具有不确定性时，才构成投资风险，通常以一定置信水平下投资工具所能发生的最大投资损失计量风险。

对水库塌岸风险而言，主要是指：水库岸坡在库水作用下发生渐进的或突然的破坏，并且在这一过程可能对人类生命、财产和大坝造成的不利影响。目前我国对水库塌岸风险的评价主要借鉴地质灾害风险评价的理论和成果，因为从本质上来讲，塌岸体本身属于水库涉水岸坡，与滑坡最大的不同即是它受到了库水涨落的影响而发生失稳破坏。从其影响的范围来讲，也与滑坡不同，其前缘主要是滑体涌入库水中产生的涌浪对水库大坝的影响和入水后对水库库容的影响，后缘则可能影响到人们生命和财产以及公路、桥梁等基础设施的安全。

在地质灾害风险评价领域，从20世纪60—70年代开始，一些发达国家或地区进行了大范围的地质灾害风险评价及相关理论、方法研究。美国、加拿大、澳大利亚等国均发布了一系列与滑坡风险管理相关的研究计划、技术指南和法规条例，且有不少在风险的边坡管理和环境控制方面较为成功的案例（Dai，2002）。国内除香港以外地区的滑坡风险评价研究起步较晚，主要进展集中于2000年以后所取得的成果，与国际上的风险评价水平有一定的差距（胡瑞林，2013）。根据Varnes（1984）关于地质灾害风险的定义：风险指的是一定区域、一定时间段内由于灾害发生可能导致的人员伤亡、财产损失以及对经济活动的干扰，可由式（5.1）表示：

$$R=HVE=HC \tag{5.1}$$

式中：R 为风险；H 为危险性，即一定区域在一定时间段内灾害发生的概率，包括空间概率和时间概率；E 为承灾体，即某一地区内受灾害潜在影响的人口、建筑物、工程设施、公共事业设备、基础设施、经济活动、文化和环境等；V 为易损性，即某种灾害以一定的强度发生而对承灾体所造成的损失程度；C 为灾害可能导致的后果，一般用损失、破坏、人员伤亡来表示。

本节所涉及的水库塌岸风险，借鉴地质灾害风险评价成果，结合其自身的特点，应用地理信息系统强大的空间分析功能开展区域风险评价，并对单个塌岸进行详细分析与量化评价，丰富风险评价的内容。

5.1.2 水库塌岸风险评价的内容

与地质灾害风险评价的内容相同，水库塌岸风险评价的内容也包括易发性评价、危险性评价和风险评价三个层次，三者之间具有层层递进的关系。水库塌岸易发性评价重点分析一个水库回水区岸坡所在的基础地质环境条件和可能引起库岸再造的大型堆积体的分布，是进行危险性和风险评价的基础。危险性评价是在易发性评价的基础上，对某一地区特定时间内现有或潜在塌岸体的扩展和影响范围、发生的时间概率和强度进行评价。风险评价主要评价塌岸对人口、物质财产、社会经济活动以及生态环境等产生的危害，分析这种危害的严重程度和概率大小。

水库塌岸风险同样包含区域风险评价和单体风险评价。从地质灾害风险评价的历史经验来看，区域风险评价仅仅是概略上的风险表达方式，其优点是可以让研究者或决策者在开展某一地区的工作时，能快速明确哪些是应该重点关注的区域。在区域风险评价中产生了众多的方法，GIS 技术的引入使这些方法的实施变得十分容易，但其评价之初是建立在历史地质灾害编录的基础上，最终的检验也同样需要历史灾害数据的支持，所以无论其方法选择怎样合理与先进，得到的结果只能是定性意义上的概略表达。与之相对应的单体风险评价虽然也在开展，但由于需要详细的基础数据做支撑，同时又要考虑更多的因素，单体风险评价往往被忽视，并且，现今的区域风险评价与单体风险评价处于相互割裂的局面。

5.1.3 水库塌岸风险评价的方法

本节进行水库塌岸风险评价时，将区域塌岸风险评价与单体塌岸风险评价相结合，使管理者或决策者能够在获取区域风险等级的基础上，获得造成风险的具体原因以及风险所包含的影响范围、可能造成的损失等信息，从而有效地规避风险。

(1) 区域风险评价的方法。以GIS空间叠加分析为主要的实现方法，根据研究区社会经济现状和塌岸特点，主要考虑塌岸发生对居民点建筑物的影响，暂不考虑塌岸体入库对库容和大坝的影响，因此，将潜在塌岸体和居民点作为单因子图层，采用叠加分析的方式完成区域塌岸风险评价。

(2) 塌岸单体风险评价方法。将基于DEM的剖面线扫描计算的安全系数、失效概率等定量计算成果引入到塌岸单体风险评价之中，同时考虑其影响范围内的承灾体的易损性，最终完成塌岸单体风险评价。

(3) 两者之间关联。GIS是实现上述两者关联的关键，即在考虑区域风险评价时，利用GIS的空间分析功能来实现；在需要得到更详细的塌岸单体风险时，则基于详细的野外调查和室内试验获得分析参数，结合高分辨率DEM数据，以组件开发模式，将稳定性计算结果应用于单体塌岸风险评价之中。两者均在GIS平台上实现，并能够进行结果的展示，实现了区域到单体的过渡。

5.2　水库塌岸风险评价的实施流程

5.2.1　区域水库塌岸风险评价

在区域塌岸风险评价中，由于研究区水库回水区面积较大，很难对水库所涉及的每个岸坡进行详细的调查与分析，因此采用定性的评价方法。定性风险评价方法通过建立风险等级与危害程度、危险性之间的对应关系，确定风险等级，风险评价矩阵是最常见的方法，如图5.1所示。

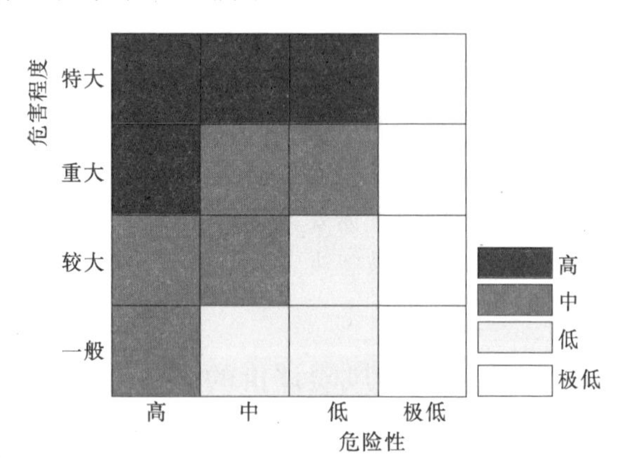

图5.1　塌岸风险定性评价矩阵

根据塌岸在研究区的空间分布，依据塌岸面积大小进行插值生成表面，即面积较大者其危险性相对较大，影响的距离也相对较远；面积较小者其危险性相对较小，其影响的范围也相对较近，并规定一个影响的阈值，将影响区进行分区。将插值生成的表面重分类之后用于表达塌岸的危险性。

承灾体的易损失性则以居民点与其最近邻的潜在塌岸体之间的距离作为权重，表达其易损性，即塌岸

可能带来的危害程度。也就是说，距离潜在塌岸体越近的居民点，其遭受损失的可能性越大，造成的损失也越大。

通过将表达塌岸危险性与承灾体易损性的两个图层进行矢量叠加分析，生成区域塌岸风险评价成果，基于 ArcGIS 软件平台完成这一过程：

（1）危险性分区。以金沙江为界，将研究区分为左岸和右岸两个部分，以左岸或右岸的塌岸多边形面积为权重，通“Topo to Raster”工具，插值生成表面，并进行危险性分级，分级后将其转化为表达分区结果的矢量多边形，如图 5.2 所示。

图 5.2 研究区塌岸危险性分区

（2）易损性评价。以插件开发模式，计算左岸或右岸每个居民点距离塌岸的最短距离，并以此为权重，通过“Topo to Raster”工具，插值生成表面，以距离塌岸越近越易受到损失的原则，进行易损性分级，分级之后转化为表达分区结果的矢量多边形，如图 5.3 所示。

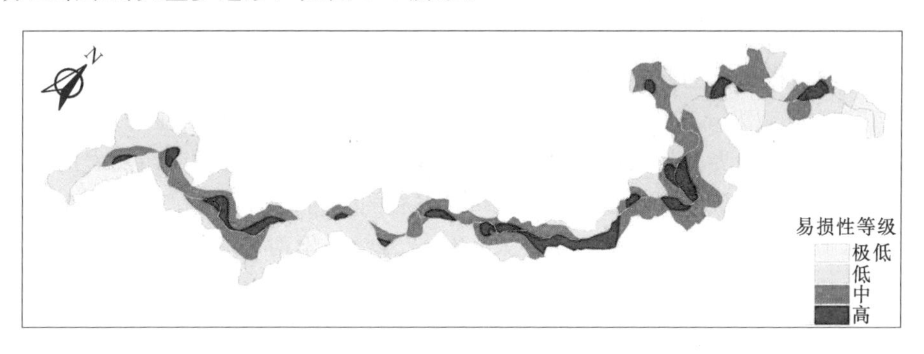

图 5.3 研究区承灾体易损性分区

（3）风险评价。通过将上述得到的左岸或右岸的两个矢量多边形图层以“Intersect”方式进行矢量叠加，参考图 5.1 给出的风险等级的确定方法，最终得到研究区塌岸风险评价结果，如图 5.4 所示。

图 5.4　研究区塌岸风险等级划分

5.2.2　单体水库塌岸风险评价

对某一单体岸坡进行塌岸风险评价，可从其发生的地点、发生的范围、运动的距离、后缘影响范围等几个方面采用定量与定性相结合的评价方法。下面以付家坪子滑坡堆积体为例进行单体岸坡的风险评价。

付家坪子滑坡位于金沙江右岸的云南省永善县大兴乡境内，距溪洛渡坝址91.8km，如图5.5所示，滑坡区出露地层为寒武系中统西王庙组（$\in_2 x$）粉砂岩和白云岩、陡坡寺组（$\in_2 d$）灰岩、砂页岩以及寒武系下统龙王庙组（$\in_1 l$）灰色白云岩、白云质灰岩。岩层产状为300°～320°∠33°～47°。NE向莲峰断裂从滑坡后通过，断裂产状320°∠78°，滑坡位于莲峰断裂上盘，受断裂影响，滑坡区地层产状变化较大。滑坡前缘高程510m，位于金沙江Ⅰ级阶地以上，后缘高程1040m，坡纵长1250m，平均宽850m，体积约2400万^{4}m^3。滑坡经多次改造后，纵向625m高程以上为相对平缓的台地，625m以下为陡坡。横向分为三个区：Ⅰ区位于下游侧，分布高程为700～750m；Ⅱ区平台高程为625～675m；上游侧高程720～750m的Ⅲ区没有明显的缓坡平台，三区均以冲沟为界。滑坡主要为西王庙组紫红色粉砂岩和陡坡寺组灰岩的块碎石土，结构较松散。滑坡前缘高程520m左右的公路内侧泉点呈线状分布，泉流量0.1～0.3L/s，随季节变化较大，且与天然降雨对应较好。据地表调查，滑坡后部出现明显的变形迹象，通过访问得知，坡体变形出现于1981年。在高程970m附近沿N40°～50°E方向发育两条拉裂缝，长约50m，内侧裂缝宽2.2m，可见深度约为2.0m，下错高度2.8m；外侧裂缝宽1.1m，可见深度为0.5～1.5m，下错高度约0.5m，两裂缝组合在地表形成凹槽。在滑坡中部变形最强烈。在高程820m的何家后坡，发育数条沿30°～70°方向展布的拉裂缝，长约100m，在20m宽范围内发育4条裂缝，最新裂缝出现于2000年1月。高程735m处居民房地面出现沿N40°E方向的裂缝，宽8.0cm，且地面下

沉近 20cm。

付家坪子滑坡属上硬下软地层结构，区内岩层产状较陡，多在 33°～47°，顺倾坡外，在金沙江不断下切过程中，岸坡遭受不断侵蚀，上部岩土体沿下覆粉砂岩接触带发生滑移，并在坡脚附近造成岩层溃屈，坡体产生顺层滑动。

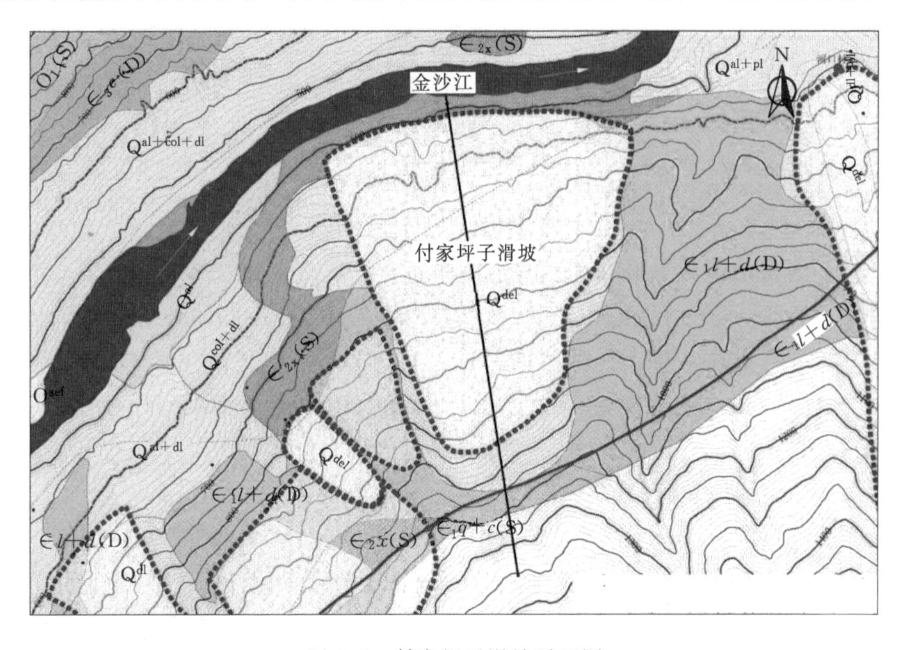

图 5.5　付家坪子滑坡平面图

综合野外调查和室内计算的结果，首先对滑坡堆积体进行危险性分区，分区的原则与步骤如下：

（1）野外调查分区。以野外获取的滑坡体所表现的变形因素作为分区的依据，如地表裂缝、房屋开裂等信息，如高程 835m 和高程 735m 出现裂缝、600m 水位线等，均可作为沿滑动方向进行纵向分区的依据，图 5.6（a）为沿滑动方向纵向分区的结果。

（2）用安全系数作为横向分区的依据。从安全系数的角度而言，安全系数等于 1 为滑坡稳定的临界状态，以安全系数与 1 之间的离差作为评判岸坡不稳定的程度，即危险程度，但要注意相同离差可能表达了不同的危险程度，如 0.8 与 1.2 与 1 的离差均为 0.2，但显然安全系数为 0.8 所代表的危险程度高。由于本例只计算了主剖面线的安全系数为 0.957，作为整个滑体的安全系数，以此作为分区依据时，将滑动方向向两侧至两侧冲沟位置作为其影响程度最大的区域，之外的区域影响程度降低一个等级，即分为三个区，如图 5.6（b）所示。

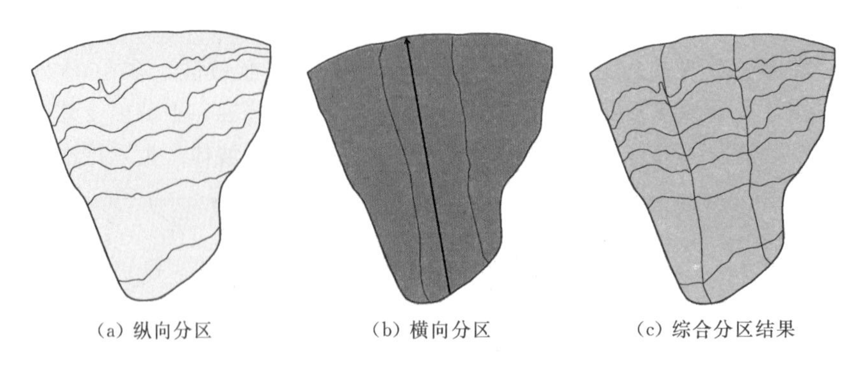

图 5.6　付家坪子滑坡危险性评价分区

通过对滑坡体纵向和横向的分区结果进行“Intersect”运算，得到最终分区如图 5.6（c）所示。对图 5.6（c）的分区结果进行定性的评价，得到该滑坡体的危险性分区，如图 5.7 所示。

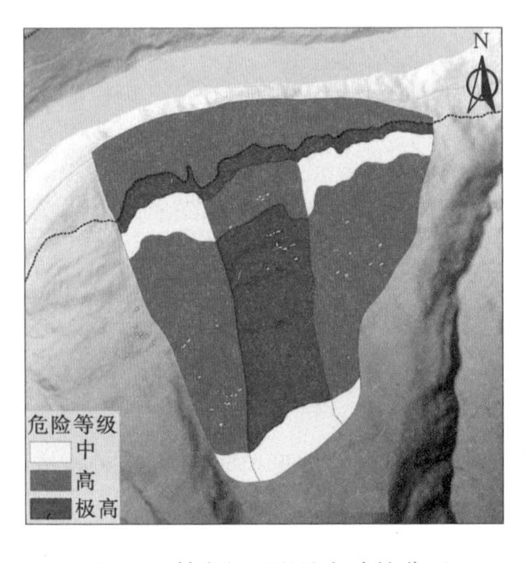

图 5.7　付家坪子滑坡危险性分区

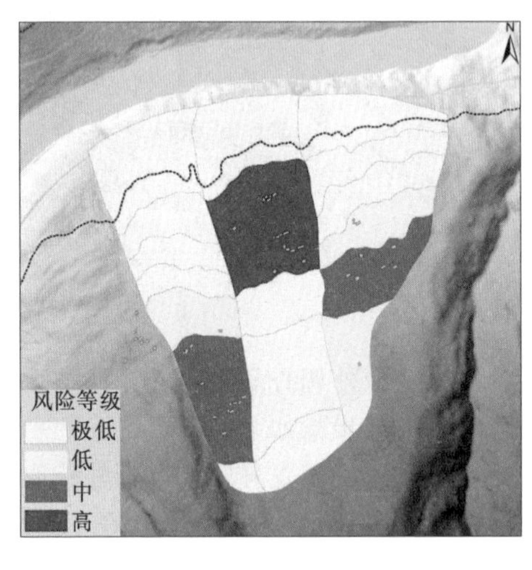

图 5.8　付家坪子滑坡风险评价分区

通过航空影像获得滑坡堆积区以及周边的居民点建筑物分布，并考虑其落入危险分区的建筑物数量，即落入分区内的建筑物个数越多，且该区危险等级越高，则风险等级越高，得到风险评价结果如图 5.8 所示。

单体塌岸风险评价是大比例尺尺度下的区域风险评价，引入安全系数计算的结果，使得单体岸坡的稳定性计算成果能够在塌岸风险中得到应用，更进一步，将剖面线扫描算法所得到的一组安全系数应用于风险评价之中，可提高其定量化程度，为不同细节程度上的塌岸风险评价提供了方法和实现手段。

第6章 结论与展望

6.1 结 论

本书在野外调查与室内分析的基础上，基于高分辨率DEM和航空影像数据，以水库塌岸预测与风险评价为切入点，以GIS组件开发为手段，讨论了适用于溪洛渡库区的水库塌岸预测方法与实现流程；将传统极限平衡法引入到GIS软件平台之中，实现了对滑移型塌岸稳定性状态进行定量化评价的目标，并为这一成果应用于区域塌岸风险评价之中提供了实现的方法和步骤，取得了以下成果：

（1）基于高分辨率DEM和DOM数据提取塌岸预测参数的研究。水库塌岸预测参数的获取是进行水库塌岸预测的关键，单纯依靠野外实测方法具有一定的难度，且难以获得大量的统计样本数据，本书利用研究区2.5m×2.5m DEM和0.5m×0.5m DOM数据，通过沿河流走向对洪水位线和枯水位线之间河漫滩多边形进行剖分的方式，能够获得足够多的水下稳定坡角，水上稳定坡角则可采用类似的方法获取。

（2）基于三维“两段法”进行侵蚀型塌岸的预测研究。在详细研究二维“两段法”适用条件的基础上，将其在三维空间上进行拓展，即不再将塌岸宽度计算定位于某一个剖面，而是定位于一组平行剖面，二维空间中的塌岸宽度计算则转变为三维空间中最大塌岸宽度计算，同时也可通过根据塌岸线生成的离散点高程，插值生成塌岸后岸坡DEM表面，用于塌岸体积计算，并可进行三维形态展示。

（3）基于DEM构建三维塌岸地质模型进行稳定评价的研究。高分辨率DEM提供了详细的地表信息，适合滑移型塌岸的三维模型构建。本书将三维毕肖普法引入GIS软件平台，通过二次开发的方式，实现了三维圆弧滑动面的构造和三维安全系数的计算。

（4）基于DEM的剖面线扫描算法进行潜在塌岸体稳定性评价的研究。无论是二维的边坡稳定性计算，还是三维的边坡稳定性计算，计算结果均为单一安全系数。对研究区内大型松散堆积体而言，采用单一安全系数具有一定程度上的局限性和片面性。采用本书提出的基于DEM的剖面线扫描算法，使得安全系数的表达在多个剖面上得以实现，同时引入概率分析的方法，对其失效概率进行分析。

(5) 水库塌岸风险评价的研究。采用定性评价与定量评价相结合的方式进行水库塌岸风险评价，即在进行区域风险评价时，将稳定性分析结果应用其中，以潜在塌岸体和承灾体之间的相互作用关系进行风险等级的划分，达到区域风险表达的目的；然后应用塌岸预测与稳定性评价的结果，针对某一潜在塌岸体进行大比例尺尺度下的满足更详细精度要求的风险评价。

6.2 展　望

本书在水库塌岸预测、岸坡稳定性分析等方面取得了一定成果，但也存在一些不足，需要下一步继续深入研究：

(1) 塌岸范围预测方法的进一步研究。本书涉及的塌岸预测方法仅包含了适合于研究区塌岸预测的“两段法”，完成了二维塌岸宽度计算和三维塌岸体积计算。“两段法”具有一定的适用条件，不是一种通用的塌岸预测方法。在以后的研究中，还需要在水库塌岸模式和发生机理深入研究的基础上，进一步研究塌岸预测的方法，并形成便于进行水库塌岸宽度和体积计算的插件，或适用于不同塌岸模式的计算插件。

(2) 三维滑动面的优化。三维毕肖普法的实现过程中，三维滑动面的构造是一个关键的步骤，也是形成塌岸体三维地质模型的前提。本书将滑动面视为球形滑动面，是一种理想的状态，实际的滑动面大多是非圆弧的，因此需要在圆弧滑动面的基础上进行优化，可在程序中加入控制性结构面或控制性节点，使其与实际情况更加接近。

(3) 其他极限平衡法插件的设计与开发。在基于DEM的剖面线扫描算法中，本书主要考虑了毕肖普法的应用与实现，而对于一个成熟的软件包或插件包而言，需要同时引入当今流行的岸坡稳定性评价方法，如M-P法、斯宾塞法以及萨尔玛法等。因此，还需要进一步的开发完善，并对多种方法的计算结果进行对比或联合应用，以达到更精确的计算结果。

(4) 塌岸风险评价的进一步完善。本书将单体塌岸风险评价纳入到区域风险评价之中，目标是要丰富区域塌岸风险评价的内容，以满足不同细节程度的要求，即从区域到单体，均有对风险的表达，其实现方式是将塌岸单体的稳定性计算结果应用于区域风险评价之中，但总体而言，两者的结合程度尚浅，还需要进一步完善。

参考文献

蔡志远，马石城，蔡志坚，2012. 基于C语言程序的简布法边坡稳定分析 [J]. 长沙大学学报，26 (5)：20-22.

陈昌富，朱剑锋，2010. 基于 Morgenstern-Price 法边坡三维稳定性分析 [J]. 岩石力学与工程学报，29 (7)：1473-1480.

陈祖煜，2003. 土质边坡稳定分析：原理・方法・程序 [M]. 北京：中国水利水电出版社.

冯树仁，丰定祥，葛修润，等. 1999. 边坡稳定性的三维极限平衡分析方法及应用 [J]. 岩土工程学报，21 (6)：657-661.

葛华. 2006. 三峡库区塌岸预测与防治措施研究——以重庆市万州区为例 [D]. 成都：成都理工大学.

何良德，朱筱嘉，2007. 水库塌岸预测方法述评 [J]. 华北水利水电学院学报，28 (2)：69-72.

何政伟，黄润秋，许强，等，2004. 库区塌岸空间信息管理系统构建 [J]. 物探化探计算技术，26 (4)：341-345.

黄波林，许模，2006. 三峡水库水位上升对香溪河流域典型滑坡的影响分析 [J]. 防灾减灾工程学报，26 (3)：290-295.

胡瑞林，范林峰，王珊珊，等，2013. 滑坡风险评价的理论与方法研究 [J]. 工程地质学报，1：76-84.

姜清辉，王笑海，丰定祥，等，2003. 三维边坡稳定性极限平衡分析系统软件 SLOPE3D 的设计及应用 [J]. 岩石力学与工程学报，22 (7)：1121-1125.

江永红，1998. 蒙特卡罗模拟法在边坡可靠性分析中的运用 [J]. 数理统计与管理，17 (2)：13-16.

兰小机，刘德儿，魏瑞娟，2011. 基于 ArcObjects 与 C#. NET 的 GIS 应用开发 [M]. 北京：冶金工业出版社.

李彦军，2006. 蒙特卡罗法在水库塌岸预测中的应用 [J]. 水土保持研究，13 (6)：16-17.

李亮，迟世春，郑榕明，2008. 基于椭球滑动体假定和三维简化 JANBU 法的边坡稳定分析 [J]. 岩土力学，29 (9)：2439-2445.

李亮，邓东平，赵炼恒，2012. 基于滑动面搜索的分层土坡稳定性分析新方法 [J]. 中南大学学报：自然科学版，43 (10)：3996-4002.

李山山，彭嫚，2008. 3 种常用 DEM 格式自动化互换的初探. 测绘与空间地理信息，31 (3)：6-11.

李增亮，姚勇，曹兰柱，2009. Bishop 法自动搜索均质边坡最危险滑动面 [J]. 露天采矿技术 (1)：20-24.

刘红星，夏金梧，王小波，等，2002. 长江中下游岸坡变形破坏的主要型式及处理 [J]. 人民长江，33 (6)：8-10.

刘娟，胡卸文，王军桥，等，2010. 松散堆积体水下稳定坡角与粒度成分的关系 [J]. 水利水电科技进展，30 (4)：71-75.

刘明维，何光春，2001. 基于蒙特卡罗法的土坡稳定可靠度分析［J］. 重庆建筑大学学报，23（5）：96－99.

卢廷浩. 2005. 土力学［M］. 2版. 南京：河海大学出版社.

马捷，贺续文，廖彪，2010. 基于C语言的简布法土坡稳定的程序计算［J］. 路基工程，（5）：123－125.

马淑芝，贾洪彪，唐辉明，2002. 利用稳态坡形类比法预测基岩岸坡的库岸再造［J］. 地球科学-中国地质大学学报，2：231－234.

缪吉伦，肖盛燮，彭凯，2003. 库岸再造机理及坍岸防治研究［J］. 重庆交通学院学报，22（2）：124－126.

潘家铮，1980. 建筑物的抗滑稳定与滑坡分析［M］. 北京：水利出版社.

邱骋，谢谟文，江崎哲郎，等，2008. 基于三维力学模型的大范围自然边坡稳定性概率评价方法［J］. 岩石力学与工程学报，27（11）：2281－2287.

阙金声. 2007. 三峡工程涪陵区水库塌岸非线性预测研究［D］. 长春：吉林大学.

尚敏. 2007. 基于GIS的三峡库区忠县段塌岸研究［D］. 长春：吉林大学.

孙广忠，1958. 水库坍岸研究［M］. 北京：水利电力出版社.

谭新，丁万涛，李术才，2005. 一个新的非圆弧滑动全局最优化算法［J］. 岩石力学与工程学报，24（12）：2060－2064.

谭晓慧，2007. 边坡稳定的非线性有限元可靠度分析方法研究［D］. 合肥：合肥工业大学.

唐川，Jorg Grunert. 1998. 滑坡灾害评价原理和方法研究，地理学报［J］，53（6）：149－157.

唐辉明，2003. 长江三峡工程水库塌岸与工程治理研究［J］. 第四纪研究：23（6）：648－655.

汤明高，2007. 山区河道型水库塌岸预测评价方法及防治技术研究［D］. 成都：成都理工大学.

汤明高，许强，黄润秋，2006. 三峡库区典型塌岸模式研究［J］. 工程地质学报，14（2）：172－177.

唐朝晖，周爱国，蔡鹤生，1999. 三峡库区巫山县城新址库岸再造预测［J］. 水文地质工程地质，37（5）：37－39.

王家臣，1996. 边坡工程随机分析原理［M］. 北京：煤炭工业出版社.

王艳东，龚健雅，黄俊韬，等，2000. 基于中国地球空间数据交换格式的数据转换方法［J］. 测绘学报，29（2）：142－148.

王跃敏，唐敬华，凌建明，2000. 水库坍岸预测方法研究［J］. 岩土工程学报，22（5）：569－571.

维·尼·诺沃日洛夫，1956. 工程地质学［M］. 长春：长春地质勘探学院.

吴振君，2009. 土体参数空间变异性模拟和土坡可靠度分析方法应用研究［D］. 武汉：中国科学院武汉岩土力学岩土所.

向喜琼，黄润秋，2000. 基于GIS的人工神经网络模型在地质灾害危险性区划中的应用［J］. 中国地质灾害与防治学报，11（3）：23－27.

谢桂华，2009. 岩土参数随机性分析与边坡稳定可靠度研究［D］. 长沙：中南大学.

谢谟文，蔡美峰，江崎哲郎，2006. 基于GIS边坡稳定三维极限平衡方法的开发及应用

［J］. 岩土力学，27（1）：117－122.
许强，黄润秋，汤明高，等，2009. 山区河道型水库塌岸研究［M］. 北京：科学出版社.
许强，刘天翔，汤明高，等，2007. 三峡库区塌岸预测新方法——岸坡结构法［J］. 水文地质工程地质，（3）：110－115.
徐瑞春，2003. 红层与大坝［M］. 武汉：中国地质大学出版社.
徐永辉，杨达源，陈可锋，等，2006. 三峡水库蓄水后对库区岸坡地貌过程的影响［J］. 水土保持通报，26（5）.
殷坤龙，陈丽霞，张桂荣，2007. 区域滑坡灾害预测预警与风险评价［J］. 地学前缘，14（6）：85－97.
尹小涛，王水林，2008. 基于可靠度理论的滑坡稳定性及其影响因素分析［J］. 岩土力学，29（6）：1551－1556.
张辉，2008. NSDTF－DEM 转换为 USGS－DEM 方法［J］. 中国科技财富（9）：113.
张均锋，2004. 三维简化 Janbu 法分析边坡稳定性的扩展［J］. 岩石力学与工程学报，3（17）：2876－2881.
张咸恭，1993. 工程地质学［M］. 北京：地质出版社.
张倬元，王士天，王兰生，1994. 工程地质分析原理［M］. 北京：地质出版社.
赵成，2008. Janbu 法收敛性的讨论及通用极限平衡法的实现［D］. 西安：长安大学.
赵国藩，曹居易，张宽权，1984. 工程可靠度［M］. 北京：水利水电出版社.
朱剑锋，2007. 岩土边坡稳定性与可靠度分析智能计算方法［D］. 长沙：湖南大学.
祝玉学，1993. 边坡可靠性分析［M］. 北京：冶金工业出版社.
B. Д. 洛姆塔泽，1985. 工程动力地质学［M］. 北京：地质出版社.
AMIRI－TOKALDANY E，DARBY S E，TOSSWELL P，2007. Coupling bank stability and bed deformation models to predict equilibrium bed topography in river bends［J］. Journal of Hydraulic Engineering，133（10）：1167－1170.
BHAKAL L，DUBEY B，SARMA A K，2005. Estimation of Bank Erosion in the River Brahmaputra near Agyathuri by Using Geographic Information System［J］. Journal of the Indian Society of Remote Sensing，33（1）：81－84.
BUCKINGHAM S E，WHITNEY J W，2007. GIS Methodology for Quantifying Channel Change in Las Vegas，Nevadal［J］. JAWRA Journal of the American Water Resources Association，43（4）：888－898.
CARROLL R W H，WARWICK J J，JAMES A I，et al，2004. Modeling erosion and overbank deposition during extreme flood conditions on the Carson River，Nevada［J］. Journal of Hydrology，297（1）：1－21.
CHENG Y M，YIP C J，2007. Three－Dimensional asymmetrical slope stability analysis extension of Bishop's，Janbu's，and Morgenstern－Price's techniques［J］. Journal of Geotechnical and Geoenvironmental Engineering，133（12）：1544－1555.
CHENG Y M，LIU H T，WEI W B，AU，S K，2005. Location of critical three－dimensional non－spherical failure surface by NURBS functions and ellipsoid with applications to highway slopes［J］. Computers and Geotechnics，32：387－399.
CHU－AGOR M L，FOX G A，CANCIENNE R M，et al，2008. Seepage caused tension failures and erosion undercutting of hillslopes［J］. Journal of hydrology，359（3）：247

-259.

CHU - AGOR M L, WILSON G V, FOX G A, 2008. Numerical modeling of bank instability by seepage erosion undercutting of layered streambanks [J]. Journal of Hydrologic Engineering, 13 (12): 1133 - 1145.

CONSTANTINE C R, DUNNE T, HANSON G J, 2009. Examining the physical meaning of the bank erosion coefficient used in meander migration modeling [J]. Geomorphology, 106 (3): 242 - 252.

Cornell C A, 1969. A probability - based structural code [J]. ACI J. 66 (12): 974 - 985.

DAI F C, LEE C F, NGAI Y Y, 2002. Landslide risk assessment and management: an overview [J]. Engineering geology, 64 (1): 65 - 87.

DARBY S. E, GESSLER D, THORNE C R, 2000. Technical communication computer program for stability analysis of steep, cohesive riverbanks [J]. Earth Surface Processes and Landforms (25): 175 - 190.

DARBY S E, RINALDI M, DAPPORTO S, 2007. Coupled simulations of fluvial erosion and mass wasting for cohesive river banks [J]. Journal of Geophysical Research: Earth Surface (2003—2012), 112 (F3).

DARBY S E, THORNE C R, 1994. Prediction of tension crack location and riverbank erosion hazards along destabilized channels [J]. Earth Surface Processes and Landforms, 19 (3): 233 - 245.

DARBY S E, THORNE C R, 1996. Development and testing of riverbank - stability analysis [J]. Journal of hydraulic engineering, 122 (8): 443 - 454.

DIANE SAINT - LAURENT, BACHIR N. TORILEB, JEAN - PHILLIPPE SAUCET, 2001. Effects of simulated water level management on shore erosion rates. Case study: Baskatong Reservoir [J]. Canadian Journal of Civil Engineering, 28 (3): 482 - 495.

DRĂGUŢ L, BLASCHKE T, 2006. Automated classification of landform elements using object - based image analysis [J]. Geomorphology, 81 (3): 330 - 344.

DUAN J G, 2005. Analytical approach to calculate rate of bank erosion [J]. Journal of hydraulic engineering, 131 (11): 980 - 990.

El - RAMLY H, MORGENSTERN N R, CRUDEN D M, 2002. Probabilistic slope stability analysis for practice [J]. Canadian Geotechnical Journal, 39 (3): 665 - 683.

ERCAN A, YOUNIS B A, 2009. Prediction of Bank Erosion in a Reach of the Sacramento River and its Mitigation with Groynes [J]. Water Resources Management, 23 (15): 3121 - 3147.

FREUDENTHAL A M, 1947. The safety of structures [J]. Transaction of ASCE, 112: 125 - 159.

GILES P T, FRANKLIN S E, 1998. An automated approach to the classification of the slope units using digital data [J]. Geomorphology, 21 (3): 251 - 264.

HAJIAZIZI, M, 2010. A new approach for numerical analysis in optimum critical line segmentslip surface in earth slopes. International Journal of Academic Research, 2 (3), 125 - 132.

HAJIAZIZI M, TAVANA H, 2012. Determining three - dimensional non - spherical critical

slip surface in earth slopes using an optimization method [J]. Engineering Geology, 153: 114 - 124.

HASOFER A M, LIND N C, 1974. An exact and invariant first order reliability format [J]. Journal of engineering Mechanics, ASCE, 100 (EM1): 11 - 21.

HAYAKAWA Y S, OGUCHI T, 2006. DEM - based identification of fluvial knickzones and its application to Japanese mountain rivers [J]. Geomorphology, 78 (1): 90 - 106.

HAYAKAWA Y S, OGUCHI T, 2009. GIS analysis of fluvial knickzone distribution in Japanese mountain watersheds [J]. Geomorphology, 111 (1): 27 - 37.

El - RAMLY H, MORGENSTERN N R, CRUDEN D M, 2002. Probabilistic slope stability analysis for practice. Can. Geotech. J. (39): 665 - 683.

HUANG H Q, NANSON G C, 1997. Vegetation and channel variation: A cases study of four small streams in southeastern Australia, Geomorphology, 18 (3): 237 - 249.

HOWARD A D, MCLANE C F, 1998. Erosion of cohesionless sediment by groundwater seepage [J]. Water Resources Research, 24 (10): 1659 - 1674.

HUBBLE T C T, 2004. Slope stability analysis of potential bank failure as a result of toe erosion on weir - impounded lakes: an example from the Nepean River, New South Wales, Australia [J]. Marine and Freshwater Research, 55 (1): 57 - 65.

HUNGR O, 1987. An extension of Bishop's simplified method of slope stability analysis to three dimensions [J]. Geotechnique, 37 (1): 113 - 117.

HUNGR O, SALGADO F M, 1989. Byrne P M. Evaluation of a three - dimensional method of slope stability analysis [J]. Canadian Geotechnical Journal, 26 (4): 679 - 686.

ISLAM M A, THENKABAIL P S, KULAWARDHANA R W, et al, 2008. Semi - automated methods for mapping wetlands using Landsat ETM+ and SRTM data [J]. International Journal of Remote Sensing, 29 (24): 7077 - 7106.

ISTANBULLUOGLU E, BRAS R L, FLORES - CERVANTES H, et al, 2005. Implications of bank failures and fluvial erosion for gully development: Field observations and modeling [J]. Journal of geophysical research, 110 (F1): F01014.

KELLEY J T, DICKSON S M, 2000. Low - Cost Bluff - Stability Mapping in Coastal Maine: Providing Geological Hazard Information Without Alarming the Public [J]. Environmental Geosciences, 7 (1): 46 - 56.

LAM L, FREDLUND D G, 1993. A general limit equilibrium model for three - dimensional slope stability analysis [J]. Canadian Geotechnical Journal, 30 (6): 905 - 919.

LANGENDOEN E J, 2000. CONCEPTS - CON servational Channel Evolution and Pollutant Transport System [J]. Res. Rep, 16.

LANGENDOEN E J, SIMON A, CURINI A, et al, 1999. Field validation of an improved process - based model for streambank stability analysis [C] //Proceedings of the 1999 International Water Resources Engineering Conference, ASCE, Reston, Virginia.

LAWLER D M, WEST J R, COUPERTHWAITE J S, et al, 2001. Application of a novel automatic erosion and deposition monitoring system at a channel bank site on the tidal River Trent, UK [J]. Estuarine, Coastal and Shelf Science, 53 (2): 237 - 247.

MARK S R, KENNETH N B, ELON S V, 2006. Stream Bank Stability Assessment in

Grazed Riparian Areas. Proceedings of the Eighth Federal Interagency Sedimentation Conference, April: 180 - 188.

MERGILI M, FELLIN W, 2011. Three - dimensional modelling of rotational slope failures with GRASS GIS [C] //Proceedings of the Second World Landslide Forum (3): 1 - 6.

MILLAR R G. 2000. Influence of bank vegetation on alluvial channel patterns [J]. Water Resources Research, 36 (4): 1109 - 1118.

NAGATA N, HOSODA T, MURAMOTO Y, 2000. Numerical analysis of river channel processes with bank erosion [J]. Journal of Hydraulic Engineering, 126 (4): 243 - 252.

OLSEN D S, WHITAKER A C, POTTS D F, 1997. Assessing stream channel stability thresholds using flow competence estimates at bankfull stage [J]. JAWRA Journal of the American Water Resources Association, 33 (6): 1197 - 1207.

OSMAN A M, THORNE C R, 1988. Riverbank stability analysis. I: Theory [J]. Journal of Hydraulic Engineering, 114 (2): 134 - 150.

PARKER C, SIMON A, THORNE C R, 2008. The effects of variability in bank material properties on riverbank stability: Goodwin Creek, Mississippi [J]. Geomorphology, 101 (4): 533 - 543.

PIÉGAY H, DARBY S E, MOSSELMAN E, et al, 2005. A review of techniques available for delimiting the erodible river corridor: a sustainable approach to managing bank erosion [J]. River Research and Applications, 21 (7): 773 - 789.

PIZZUTO J, O'NEAL M, STOTTS S, 2010. On the retreat of forested, cohesive riverbanks [J]. Geomorphology, 116 (3): 341 - 352.

POLLEN N, 2007. Temporal and spatial variability in root reinforcement of streambanks: accounting for soil shear strength and moisture [J]. Catena, 69 (3): 197 - 205.

POLLEN N, SIMON A, 2005. Estimating the mechanical effects of riparian vegetation on stream bank stability using a fiber bundle model [J]. Water Resources Research, 41 (7) .

POLLEN N, SIMON A, LANGENDOEN E, 2007. Enhancements of a bank - stability and toe - erosion model and the addition of improved mechanical root - reinforcement algorithms [C] //Proceedings of the World Water and Environmental Resources Congress 2007: 15 - 19.

RACKWITZ R, FIESSLER B, 1978. Structural reliability under combined random load sequences [J]. Computers and Structures, 9 (5): 489 - 494.

REID M E, CHRISTIAN S B, BRIEN D L, 2000. Gravitational stability of three - dimensional stratovolcano edifices [J]. Journal of Geophysical Research: Solid Earth (1978 - 2012), 105 (B3): 6043 - 6056.

Simon A, Collison A J C, 2002. Quantifying the mechanical and hydrologic effects of riparian vegetation on streambank stability [J]. Earth Surface Processes and Landforms, 27 (5): 527 - 546.

SIMON A, LANGENDOEN E J, COLLISON A, et al, 2003. Incorporating bank - toe erosion by hydraulic shear into a bank - stability model: Missouri River, Eastern Montana [C] //World Water and Environmental Resources Congress and Related Symposia. American Society of Civil Engineers, Philadelphia, Pennsylvania. [CD ROM] .

SIMON A, THOMAS R, CURINI A. et al. BSTEM 5.0 Example Use [J]. USDA - ARS National Sedimentation Laboratory, Oxford, MS.

DOWNWARD S R, GURNELL A M, BROOKES. A, 1994. A methodology for quantifying river channel planform change using GIS [J]. Variability in Stream Erosion and sediment Transport: (224): 449 - 456.

STONE A G, RIEDEL M S, DAHL T, et al. 2010. Application and validation of a GIS - based stream bank stability tool for the Great Lakes region [J]. Journal of Soil and Water Conservation, 65 (4): 92A - 98A.

TAGHAVI - JELODAR M, HASIRCHIAN M, TAGHAVI J, 2009. Investigation of Erosion Phenomena and Mass Erosion Area Susceptible in Mahmoodabad River Banks [J]. EJGE (14): 1 - 8.

T. A. M. ZIMMER, B. SC., L. A. Penner etc, 2004. Using integrated remote sensing and GIS technology to model and project shoreline erosion around Wuskwatim Lake, Manitoba [J]. Environmental Informatics Archives (2): 927 - 937.

THORNE C R, TOVEY N K, 1981. Stability of composite river banks [J]. Earth Surface Processes and Landforms, 6 (5): 469 - 484.

UGAI K, 1988. Three - dimensional slope stability analysis by slice methods [C] //Proceedings of the Sixth International Conference on Numerical Methods in Geomechanics (2): 1369 - 1374.

ÚJVÁRI G, MENTES G, BÁNYAI L, et al, 2009. Evolution of a bank failure along the River Danube at Dunaszekcsö, Hungary [J]. Geomorphology, 109 (3): 197 - 209.

VARNES D J, 1984. Landslide hazard zonation: a review of principles and practice [A]. // The International Association Engineering Geology. Commission on Landslides, Other Mass Movements on Slopes.

VILMUNDARDÓTTIR O K, MAGNÚSSON B, GÍSLADÓTTIR G, et al, 2010. Shoreline erosion and aeolian deposition along a recently formed hydro - electric reservoir, Blöndulón, Iceland [J]. Geomorphology, 114 (4): 542 - 555.

WINTERBOTTOM S J, GILVEAR D J, 2000. A GIS - based approach to mapping probabilities of river bank erosion: regulated River Tummel, Scotland [J]. Regulated Rivers: Research & Management, 16 (2): 127 - 140.

WHITE, W R, BETTESS R, PARIS E, 1982. An analyticala pproacht o riverregime, J. Hydraul. Div. Am. Soc. Civ. Eng., 108 (10): 1179 - 1193.

WIEL M J, DARBY S E, 2007. A new model to analyse the impact of woody riparian vegetation on the geotechnical stability of riverbanks [J]. Earth Surface Processes and Landforms, 32 (14): 2185 - 2198.

WOOD A L, SIMON A, DOWNS P W, et al, 2001. Bank - toe processes in incised channels: the role of apparent cohesion in the entrainment of failed bank materials [J]. Hydrological Processes, 15 (1): 39 - 61.

XIE M, ESAKI T, CAI M, 2004. A GIS - based method for locating the critical 3D slip surface in a slope [J]. Computers and Geotechnics, 31 (4): 267 - 277.

Abstract

This book studies the GIS-supported theories and methods of bank failure width and volume prediction based on high resolution DEM and DOM. For Xiluodu hydropower station as a project case in this book, based on "Two-Section Method", bank failure width and volume plugin is developed. Based on limit equilibrium theory and profile scanning algorithm, the analysis of safety factor and failure probability is applied, finally, an integrated plugin of construction of reservoir bank slope model and stability computing program is developed, which made the risk assessments of bank failure at regional scales and at site scale associated conveniently through GIS, Increased quantification of risk assessment of bank failure.

This book is intended for scientists and engineers involved with the study of risk assessment, slope stability, regional stability and GIS secondary development, and it can also be used as reference book for teachers and students in related professions.

Contents

Preface

Chapter 1 Introduction ············ 1
1.1 Research background and significance ············ 1
1.2 Research status at home and abroad and existed problems ············ 2
1.3 Research methods and technical route ············ 10
1.4 Research contents and Innovations ············ 11

Chapter 2 Geological environment and occurring conditions of bank failure in Xiluodu reservoir area ············ 14
2.1 Regional geological environment ············ 14
2.2 Analysis of occurring conditions of bank failure ············ 19
2.3 Type prediction of bank failure ············ 27

Chapter 3 Study the prediction of erosion mode bank failure based on GIS ············ 37
3.1 Prediction method of erosion mode bank failure ············ 37
3.2 Acquisition of prediction parameter of erosion mode bank failure ············ 39
3.3 Erosion mode bank failure prediction based on GIS ············ 54

Chapter 4 Study the prediction of sliding mode bank failure based on GIS ············ 65
4.1 Calculation and application of the safety factor of sliding mode bank failure based on DEM ············ 65
4.2 Calculation of the stability of reservoir bank slope through a scanning algorithm based on DEM ············ 82
4.3 Analysis of bank slope reliability base on GIS ············ 96

Chapter 5 Risk assessment of bank failure …… 108

5.1 Contents and methods of risk assessment of bank failure …… 108

5.2 Implementation of risk assessment of bank failure …… 110

Chapter 6 Conclusions and Outlooks …… 115

6.1 Conclusions …… 115

6.2 Outlooks …… 116

References …… 117

“水科学博士文库”编后语

水科学博士是活跃在我国水利水电建设事业中的一支重要力量，是从事水利水电工作的专家群体，他们代表着水利水电科学最前沿领域的学术创新“新生代”。为充分挖掘行业内的学术资源，系统归纳和总结水科学博士科研成果，服务和传播水电科技，我们发起并组织了“水科学博士文库”的选题策划和出版。

“水科学博士文库”以系统地总结和反映水科学最新成果，追踪水科学学科前沿为主旨，既面向各高等院校和研究院，也辐射水利水电建设一线单位，着重展示国内外水利水电建设领域高端的学术和科研成果。

“水科学博士文库”以水利水电建设领域博士的专著为主。所有获得博士学位和正在攻读博士学位的在水利及相关领域从事科研、教学、规划、设计、施工和管理等工作的科技人员，其学术研究成果和实践创新成果均可纳入文库出版范畴，包括优秀博士论文和结合新近研究成果所撰写的专著以及部分反映国外最新科技成果的译著。“水科学博士文库”专著优先纳入出版计划，择优申报国家出版奖项，并积极向国外输出版权。

我们期待从事水科学事业的博士们积极参与、踊跃投稿（邮箱：lw@waterpub.com.cn），共同将“水科学博士文库”打造成展示高端学术和科研成果的平台。

中国水利水电出版社

水利水电出版分社

2018年4月